图书在版编目（C I P）数据

中国介壳虫原色图鉴．半翅目：蚧次目／武三安，黄少彬著．— 郑州：河南科学技术出版社，2023.12

ISBN 978-7-5725-1262-9

Ⅰ．①中… Ⅱ．①武… ②黄… Ⅲ．①蚧科－中国－图解②半翅目－中国－图解 Ⅳ．① Q969.36-64

中国国家版本馆 CIP 数据核字 (2023) 第 141499 号

出版发行：河南科学技术出版社

地址：郑州市郑东新区祥盛街 27 号　邮编：450016

电话：（0371）65737028　65788613

网址：www.hnstp.cn

策划编辑：杨秀芳　陈淑芹

责任编辑：杨秀芳

责任校对：臧明慧

整体设计：张德琛

责任印制：徐海东

印　　刷：河南瑞之光印刷股份有限公司

经　　销：全国新华书店

开　　本：889 mm × 1 194 mm　1/16　印张：19.5　字数：512 千字

版　　次：2023 年 12 月第 1 版　2023 年 12 月第 1 次印刷

定　　价：298.00 元

中国介壳虫
原色图鉴

（半翅目：蚧次目）

A Color Atlas of the Chinese Scale Insects
(Hemiptera: Coccomorpha)

武三安 黄少彬 著

San-an Wu & Shaobin Huang

河南科学技术出版社
·郑州·

内容提要

介壳虫（蚧虫）是一类重要的农林害虫。本图鉴共记载我国有分布的介壳虫27科164属311种，每种均提供生态照片，简要的形态识别特征、地理分布、主要寄主植物及简单的生活习性，可作为农林工作者，特别是基层农林技术人员识别介壳虫时的重要参考资料。

序 言

介壳虫又称蚧虫或蚧，在分类上隶属半翅目 Hemiptera 胸喙亚目 Sternorrhyncha 蚧次目 Coccomorpha，为昆虫纲中一个非常奇特的类群。雌雄显著异型，雄成虫似小蚊虫，具翅 1 对，足发育正常，但口器退化；雌成虫幼虫形，头、胸部通常愈合，分段不清，无翅，许多种类足退化，刺吸式口器发达，且常被有各种蜡泌物。雌成虫形态变异大：一是表现在类群或种类间，有的类群或种类从外形上很难确定归属蚧次目，甚至不会被当作昆虫看待；二是同一种类，为适应不同的寄主、寄生部位等栖息环境，可以表现出不同的外部形态；三是虫体的外形、色泽及斑纹等也会随着个体发育程度的变化而不同。雄成虫间的形态差异则微小，且不说识别种类，即使科间有时也很难区别，以至于介壳虫学者 D. J. Williams 认为，如果当初人们是以雄成虫形态而非雌成虫形态开展分类研究，介壳虫类目前最多是个科级阶元。雌虫胚后发育为渐变态，末龄若虫与成虫难以区分；雄虫则为过渐变态，发育过程需经历预蛹期和蛹期阶段。所有种类皆为植食性，以其刺吸式口器吸取寄主的汁液为生。除少数种类如紫胶虫、白蜡虫、胭脂虫等因其分泌物或内含物为人类所利用有益于人类外，许多种类是果树、林木、花卉、农作物及牧草的重大害虫。个体微小，长度多在 5mm 以内。不少种类可营孤雌生殖，甚至有的种类至今尚未发现雄虫。多数种类活动能力不强或完全不能活动，固着在植物体上生活；许多种类生活方式隐蔽，不易被发觉。这些特性使介壳虫难以被海关、植物检疫工作者检视发现，易于随植物材料的调运而广泛传播，并在入侵地建立种群，造成严重危害。介壳虫是入侵害虫的重要类群之一，为各国政府部门所重视。在我国公布的 20 种森林检疫对象名单中，有 6 种介壳虫，就是很好的例证。

介壳虫种类的鉴定主要依据雌成虫的显微特征，但显微玻片标本制作程序烦琐，加之显微特征识别困难，造成非专业人员不能完成。然而，介壳虫分泌蜡质物的习性，以及蜡泌物表现出的质地和形态等多样性，又为介壳虫的识别提供了有益的信息。

由于许多种类的蜡泌物容易因采集、运输和保存而损害，致使其很难将完整信息保存下来，供人们描述、研究。照相技术，特别是数码相机的应用，使我们可以低成本地记录介壳虫蜡泌物形态及栖息地、寄主植物等更多信息。也正因为如此，使本图鉴的编著成为可能。

世界现生介壳虫有 36 科 8 000 余种，我国已知 27 科约 1 100 种（按 SCALENET 分类系统）。本图鉴涉及我国分布的介壳虫 311 种。在种类选择上，主要考虑以下三个方面：①系统的全面性，包括我国已发现的科或亚科；②经济重要性，尽量包括大陆经济种类，台湾特有种类可参见《台湾常见介壳虫图鉴》（翁振宇、陈淑佩、周樑镒，1999）；③ 易识别性。

本图鉴在编排上，包括介壳虫概述、种类介绍（科按分类系统次序，科内种类按拉丁学名首字母升序排列）、依据寄主植物类群及寄生部位的简易检索图、介壳虫拉丁学名索引（种名在前，属名在后，异名用黑体）、介壳虫中文名称索引、寄主植物索引。每种内容安排上，尽可能提供蜡泌物、虫体及栖境照片，部分种类还提供了玻片标本照片；文字说明包括中文名称、拉丁学名、在我国出现过的拉丁异名、主要中文别名、在实体显微镜下可观察到的识别要点、简要生物学特性和主要寄主植物，以及分布。

对于一些易混淆的种类，书中还通过加注予以说明。

在此需要说明的是，由于一些种类的蜡泌物形态与同属甚至其他属种类极其相似，难以区别，准确的种类鉴定还需要制作玻片标本，利用显微特征观察确认。

书中的绝大多数照片为作者及北京林业大学蚧虫分类团队多年来拍摄，中国科学院动物研究所张润志研究员、王勇先生，西南林业大学王戌勃博士赠送了部分照片；德国学者 Christian Schmidt 博士、广东佛山市谷堆自然保育宣教中心的吴嘉杰先生、广东省佛山市的游康先生、德宏职业学院付立新先生、贵州大学田丰先生、广东省林业科学研究院李琨渊先生分别提供了古北丝珠蚧、龟蜡若虫、宾蚧、寡毛旌蚧、短刺白泥盾蚧、蚜小蜂等照片。在过去采集标本过程中，诸位昆虫学同仁及朋友给予很多帮助，不一一列出。此外，国家自然科学基金委员会在经费上连续资助。在此一并表示谢意！

书中照片拍摄及标本鉴定延续十五六年，绝大多数种类依据显微特征、少数种类基于蜡泌物形态由作者及其研究生陆续鉴定。蜡泌物识别要点综合以往记述、照片及标本，但长、宽、高等量度多参照他人记述。

由于本人知识积累和能力有限，书中可能有不少纰漏，敬请读者不吝赐教。如果此书能对我国介壳虫的教学、科研和生产有一些促进，就达到作者的目的了。

2023 年 6 月

目　录

第一部分　概述

第二部分　旌蚧总科 Orthezoidea

第三部分 蚧总科 Coccoidea

第一部分　概　述

雌雄异型蚧次目，
雄性双翅雌性无；
刺吸口器单爪足，
体被蜡胶分泌物。
蜜露联系蚧和蚁，
陆生食汁害植物。

一、分类地位

介壳虫在分类上隶属于半翅目 Hemiptera 胸喙亚目 Sternorrhyncha。其口器着生位置偏后，介于前足基节之间或更后的位置。在胸喙亚目内，除介壳虫外，还有蚜虫、粉虱和木虱三大类。介壳虫与其他三类的亲缘关系，目前虽存在争议，但多数学者倾向于与蚜虫关系最近，为姐妹群。至于介壳虫的分类阶元，学者间也有分歧，有的学者认为为蚧总科 Coccoidea，而有的将其提升为蚧次目 Coccomorpha、蚧亚目 Coccinea。

二、识别要点

体多微小，雌雄异型。雌成虫无翅，体形多样。头、胸部常愈合，分辨不清。触角 1~13 节。复眼无，仅有 1 对单眼。口器刺吸式。足有或无，如有，常为步行足，少数种类前足为开掘足。腹部末端无产卵器。体表有蜡腺，分泌蜡粉、蜡块等覆盖虫体。雄成虫头、胸、腹分段明显。触角长，9~10 节，多丝状，少数栉齿状。低等类群具复眼，高级类群有多对单眼。口器退化。通常有前翅 1 对，后翅退化成平衡棒，有的种类无。足 3 对，多为细长步行足，少数种类前足粗壮，为开掘足。交配器突出于腹部末端。

足的跗节 1~2 节，仅 1 个爪，是介壳虫区别于木虱、粉虱和蚜虫的重要鉴别特征。

在野外，我们一般认识昆虫，确定其科、属，进而到种，常常依靠虫体本身的外部形态，如果是植食性昆虫，植物的受害状亦可作为辅助特征，但介壳虫则不然。介壳虫的野外识别主要依靠的是介壳虫所分泌的蜡被特征，这是由几乎所有的介壳虫都分泌蜡被且蜡被在质地、形态、颜色等方面表现出多样性决定的。其次，介壳虫的产卵方式对鉴定有帮助。

介壳虫的蜡泌物有两个功能：一是覆盖虫体本身，二是覆盖虫卵，但常常既覆盖虫体又覆盖虫卵，如链蚧、盾蚧等。

介壳虫的蜡泌物主要有 3 种：一是各龄若虫（不包括雄若虫二龄末期分泌的雄茧）和交配前雌成虫分泌的蜡被，主要用于防止虫体失水、干燥，以及阻碍捕食性天敌的侵袭和寄生性天敌的产卵；二是雄若虫 2 龄末期分泌的雄茧，用于保护雄蛹的安全；三是部分介壳虫成虫交配后分泌的卵囊，用于保护卵和初孵若虫。此外，气门口或气门路分泌的蜡粉有疏水功能，保障气门与外界气体交换的畅通；阴门周围多格腺分泌的蜡粉，粘在卵粒表面，防止卵粒黏结在一起；肛环孔泌蜡形成的蜡管，有助于将肛门排泄的蜜露远离虫体，减少对介壳虫自身的伤害；还有，雄成虫腹部后端常有 1~2 对蜡突或成丛白蜡丝，它们在雄成虫的飞行中起着平衡作用。

介壳虫的蜡被有胶质壳（如胶蚧科）、蜡壳（如链蚧科）、蜡粉（如粉蚧科）、蜡块（如蚧科）、介壳（如盾蚧科）；形状有球形、半球形、壶状、圆形、椭圆形等；颜色多为白色，还有红色、黄色、褐色等。此外，蜡被上的各种蜡突，也是重要的识别依据。

介壳虫的蜡被在各虫龄间常有差别，雌雄两性若虫间也可不同。虫体本身的色泽和斑纹对介壳虫的野外识别也有帮助作用，特别是蜡被薄的类群，如红蚧、球蚧及粉蚧的一些种类。在此需要指出，这些介壳虫身体上的色泽和斑纹会随着虫体的生长发育发生改变，一般以交配前的处女雌成虫期最为明显，代表种的特性。

某些其他昆虫类群，其蜡被或虫体外形与介壳虫一些类群相似，常发生混淆，需要特别注意（图 1~图 4）。一些蚜虫、粉虱和瓢虫的幼虫分泌白色蜡粉，形似粉蚧；某些跳虫的体态如皮珠蚧的雌成虫或三龄雄若虫。有趣的是，草履蚧天敌红环瓢虫的幼虫与草履蚧的雌成虫外形十分相像，可以蒙骗草履蚧的雄成虫追求之，试图与之交配（图 5）。

图 1 竹叶上的蚜虫分泌白色蜡粉，似粉蚧

图 2 跳虫的体形和色泽似皮珠蚧，只是触角短些

图 3 某些瓢虫的幼虫分泌白色蜡粉，似粉蚧

图 4 某些龟蝽若虫外形似草履蚧若虫

图 5 草履蚧雄成虫尝试与红环瓢虫幼虫交配

三、分类系统

本书将介壳虫看作半翅目 Hemiptera 胸喙亚目 Sternorhyncha 蚧次目 Coccomorpha。次目下分为旌蚧总科 Orthezoidea 和蚧总科 Coccoidea 两个总科，56 个科，其中 36 个科是现生的，17 个科是依据化石标本建立的。36 个现生科名单如下，我国已记录科名用黑体标出。（由于蚧次目目前尚没有大家公认的分类系统，这里总科下科排序按照拉丁学名首字母排序）

旌蚧总科 Orthezoidea（= 古蚧类 archaeococcoids）

巨蚧科 Callipappidae

水蚧科 Carayonemidae

瘘绵蚧科 Coelostomidiidae

皮珠蚧科 Kuwaniidae

盂绵蚧科 Marchalinidae

地珠蚧科 Margarodidae

松珠蚧科 Matsucoccidae

绵蚧科 Monophlebidae

旌蚧科 Ortheziidae

纽蚧科 Phenacoleachiidae

坑珠蚧科 Pityococcidae

泡粉蚧科 Putoidae

始珠蚧科 Qinococcidae

丝珠蚧科 Steingeliidae

柱蚧科 Stigmacoccidae

宾蚧科 Xenococcidae

木珠蚧科 Xylococcidae

蚧总科 Coccoidea (= 新蚧类 neococcoids)

仁蚧科 Aclerdidae

链蚧科 Asterolecaniidae

头蚧科 Beesoniidae
壶蚧科 Cerococcidae
蚧科 Coccidae
壳蚧科 Conchaspididae
隐蚧科 Cryptococcidae
胭蚧科 Dactylopiidae
盾蚧科 Diaspididae
毡蚧科 Eriococcidae
棕蚧科 Halimococcidae
红蚧科 Kermesidae
胶蚧科 Kerriidae
球链蚧科 Lecaniodiaspididae
微蚧科 Micrococcidae
刺葵蚧科 Phoenicococcidae
粉蚧科 Pseudococcidae
根粉蚧科 Rhizoecidae
非蚧科 Stictococcidae

四、生物学特征

多营两性生殖，少数孤雌生殖，还有兼营两性和孤雌生殖的种类。多数卵生，少数卵胎生。卵球形或卵圆形，产在雌成虫体腹面凹陷形成的孵化腔内、介壳下、体后的蜡质卵囊或包裹虫体的毡囊内。胚后发育雌、雄有所不同。雌性经过 2 或 3 个若虫阶段，变为成虫，为渐变态；雄虫则经过 2 个若虫阶段及预蛹、蛹，发育为成虫，为过渐变态。一龄若虫雌、雄不分，触角、足发达，活泼，善爬行，亦能借风、动物等携带传播，为介壳虫一生唯一或主要扩散阶段，因而被称作浪荡子或爬虫。二龄后雌、雄分化。二、三龄雌若虫形似雌成虫，仅个体较小，阴门未现，常固定吸汁取食，但有的种类后期也可活动。二龄雄若虫体较二龄雌若虫细长，亦多固着取食，后期分泌蜡丝形成茧，并在其中蜕皮变成预蛹、蛹。预蛹和蛹胸部具翅芽，不食且多不活动，类似完全变态的蛹期。雌成虫多活动能力弱，营固定生活。雄成虫不取食，飞翔能力弱，寿命短，交配后即死去。

五、与其他生物的关系

1. 与介壳虫发生联系的动物

介壳虫是完全的植食性昆虫，以植物的汁液为食。由于植物汁液中蛋白质（氨基酸）和糖类的不匹配，介壳虫经过肛门将多余的糖类排出体外，形成蜜露。

与介壳虫发生联系的动物主要有三类：一是捕食性天敌，鞘翅目 Coleoptera 的瓢虫科 Coccinellidae（图 6）、方头甲科 Cybocephalidae（图 7）和长角象科 Anthribidae 昆虫，脉翅目 Neuroptera 的草蛉科 Chrysopidae、褐蛉科 Hemerobiidae 昆虫，半翅目 Hemiptera 的花蝽科 Anthocoridae 昆虫，鳞翅目 Lepidoptera 的尖蛾科 Cosmopterygidae、遮颜蛾科 Blastobasidae 昆虫，双翅目 Diptera 的瘿蚊科 Cecidomyiidae 昆虫；还有一些鸟类，如在上海崇明岛，芦苇日仁蚧 *Nipponaclerda biwakoensis* 是震旦鸦雀 *Paradoxornis heudei*

冬季的主要食物。二是寄生性天敌，主要是膜翅目 Hymenoptera 的小蜂总科 Chalcidoidea，包括蚜小蜂科 Aphelinidae、跳小蜂科 Encyrtidae，以及姬小蜂科 Eulophidae、金小蜂科 Pteromalidae、棒小蜂科 Signiphoridae 和旋小蜂科 Eupelmidae 昆虫，还有双翅目 Diptera 的隐芒蝇科 Cryptochaetidae 昆虫（图 8）等。三是取食介壳虫蜜露的，种类应该很多，但目前研究得不充分。最主要的类群是蚂蚁，一些种类已与介壳虫形成共生关系；其次有蜜蜂、胡蜂等蜂类，甘露蜜的生产就是明确的例证。此外，一些甲虫、蝴蝶也取食介壳虫蜜露，笔者就曾发现宽背金叩甲 *Selatonomus latus* 取食草履蚧 *Drosicha corpulenta* 的蜜露（图 9、图 10）。在四川峨眉山白蜡生产区，松鼠和一些鸟类也喜欢舔食白蜡蚧 *Ericerus pela* 的蜜露。

图 6　瓢虫 *Oenopia sauzeti* Mulsant

图 7　方头甲

图 8　隐芒蝇 *Cryptochetum tianmuense* Yang & Yang

图 9　宽背金叩甲 *Selatonomus latus* 取食草履蚧的蜜露

图 10　红斑翠蛱蝶 *Euthalia lubentna* (Cramer) 吸食甘蔗叶鞘下生活的灰粉蚧的蜜露

图 11　跳小蜂

图12 蚜小蜂 *Coccophagus* sp.

瓢虫科 Coccinellidae 在昆虫分类系统中隶属于鞘翅目 Coleoptera 多食亚目 Polyphaga 扁甲总科 Cucujoidea。其主要鉴别特征为：体通常阔卵形至圆形，腹面扁平，背面强烈拱起。下颚须端节斧状。足跗节隐四节式，即第 3 节很小，不容易被观察到。第 1 腹节腹板后基线存在。食性主要为肉食性，还有植食性和菌食性。肉食性瓢虫主要猎物包括介壳虫、蚜虫和螨类。瓢虫是介壳虫的一类重要的捕食性天敌昆虫。在目前世界已记录的 6 000 多种中，约有 36% 的种类主要以介壳虫为食，而以蚜虫为食的仅占 20%（Klausnitzer and Klausnitzer, 1997）。虽然我们常常发现瓢虫的食性专一性不强，但仔细研究后会发现，其食物可分为两类：一类为完成生长发育和繁殖的必需食物；一类为可维持生命的可选食物。据 Hidek and Honek (2009) 统计，目前已知有 36 种瓢虫将介壳虫作为必需食物：这些种所在的属包括瓢虫亚科 Coccinellinae 的大丽瓢虫属 *Adalia*、盘耳瓢虫属 *Coelophora*，盔唇瓢虫亚科 Chilocorinae 的纵条瓢虫属 *Brumoides*、盔唇瓢虫属 *Chilocorus*、光缘瓢虫属 *Exochomus*，小毛瓢虫亚科 Scymininae 的隐唇瓢虫属 *Cryptolaemus*、基瓢虫属 *Diomus*、弯叶毛瓢虫属 *Nephus*、小瓢虫属 *Scymnus*，显盾瓢虫亚科 Hyperaspinae 的显盾瓢虫属 *Hyperaspis*，小艳瓢虫亚科 Sticholotinae 的毛艳瓢虫属 *Pharoscymnus*、刀角瓢虫属 *Serangium*、小艳瓢虫属 *Sticholotis*，红瓢虫亚科 Coccidulinae 的暗色瓢虫属 *Rhyzobius*、红瓢虫属 *Rhodolia*。任顺祥等《中国瓢虫原色图鉴》（2009）认为，盔唇瓢虫亚科 Chilocorinae 主要捕食有蜡粉覆盖的盾蚧、蜡蚧等；红瓢虫亚科 Coccidulinae 专食绵蚧和粉蚧。

瓢虫幼虫和成虫均可捕食，且猎物的种类相同，至于取食猎物的虫态是否有分化，需要进一步探讨。一般而言，瓢虫可取食介壳虫的卵、各龄若虫和成虫。经过长期的捕食关系演化，部分瓢虫幼虫的形态与其猎物若虫和雌成虫的形态相像，类似“拟态”现象，如红环瓢虫 *Rodolia limbata* 的幼虫与其猎物草履蚧的雌性相似，以至于草履蚧的雄成虫张冠李戴，把红环瓢虫的幼虫错当作“新娘”，追逐、求偶。小毛瓢虫属的种类，幼虫背面分泌白色蜡物，形似其猎物粉蚧，介壳虫初学者野外采集时，常将它当作粉蚧，收入囊中。至于这种拟态产生的原因，目前认为与瓢虫为了有效躲避蚂蚁的干扰有关。

瓢虫在介壳虫生物防治中的作用，在此无须多费笔墨。将澳洲瓢虫 *Rodolia cardinalis* 自澳大利亚引入美国，有效控制了柑橘上严重发生的吹绵蚧 *Icerya purchasi*，为生物防治史上的经典案例，被引用在众多教科书和专著中，就很能说明问题。

跳小蜂科 Encyrtidae 隶属于膜翅目 Hymenoptera 细腰亚目 Apocrita 小蜂总科 Chalcidoidea。体微小至

小型，常粗壮。头宽，多呈半球形。触角多 11~13 节，无环状节，索节常 6 节。中胸盾片常大而隆起，无盾纵沟。中胸侧板完整、隆起。中足适于跳跃，胫节端部有 1 个长且大的距。后胸背板和并胸腹节很短。翅一般发达。腹部宽，无柄，常呈三角形（图 11）。跳小蜂寄主范围广泛，几乎可以寄生有翅亚纲任何一目的昆虫。但多数种类内寄生介壳虫，特别是粉蚧科 Pseudococcidae 昆虫的主要寄生蜂。目前，全世界已知 510 多个属 3 600 种左右。

蚜小蜂科 Aphelinidae 隶属于膜翅目 Hymenoptera 细腰亚目 Apocrita 小蜂总科 Chalcidoidea。体微小至小型，常短粗或扁平。触角短，5~8 节，索节 2~4 节。前胸背板很短；中胸盾纵沟深而直；后胸背板悬骨长，舌形。中足胫节端距长而短粗。腹部无柄（图 12）。蚜小蜂主要寄生半翅目 Hemiptera 胸喙亚目的蚜虫、介壳虫、木虱和粉虱。在蚧次目中，蚜小蜂是盾蚧科 Diaspididae 的主要寄生蜂。该科目前已知 45 属约 1 000 种。

蚂蚁与介壳虫间存在互利互惠关系，特别是粉蚧、软蚧和红蚧从中受益较多（图 13）。蚂蚁移除了介壳虫排泄的蜜露，防止了煤污病的发生，从而预防了煤污病菌对介壳虫的感染和伤害，也避免了蜜露等扩散对爬行中一龄若虫的黏着、伤害；蚂蚁保护介壳虫免遭其天敌的侵害；在粉蚧和软蚧群上方搭建“帐篷”，保护介壳虫免遭夏季炎热和太阳辐射；甚至在有的情况下，蚂蚁在冬季或夏季将粉蚧或软蚧搬运到自己的巢穴里，帮助介壳虫避开不良的环境条件，当环境条件转好后，再将介壳虫移回到寄主植物上。蚂蚁能够帮助介壳虫扩散和传播，当寄主条件不适合时，可将介壳虫转移到新的寄主植物上。

此外，蚂蚁在调节介壳虫种群大小中也发挥着一定作用，当寄主植物缺乏时，通过取食介壳虫活体降低介壳虫密度，这对介壳虫种群的延续是有益的。而蚂蚁从这种关系中得到的好处是稳定的食物（蜜露）供应，以及通过取食介壳虫死体或活体，得以补充蛋白质。

图 13　宾氏细长蚁 *Tetraponera binghami* 搬运惠州瘿粉蚧 *Kermicus huizhouensis*

2. 与植物的关系

介壳虫是植食性昆虫，寄主主要包括被子植物和裸子植物，少数低等种类可寄生在苔藓或地衣上。寄主专化性因种类而异，有多有寡，甚至有一些种类仅寄生在一种植物上。梨圆盾蚧 *Comstockaspis perniciosa* 的寄主可达 700 种以上；而红蚧科 Kermesidae 的所有种类和链蚧科 Asterolecaniidae 栎链蚧亚科的多数种类仅以壳斗科植物为食，仁蚧科 Aclerdidae、粉蚧科 Pseudococcidae 锯粉蚧族和链蚧科 Asterolecaniidae 竹链蚧属的多数种类只取食禾本科植物；榆华粉蚧 *Sinococcus ulmi* Wu & Zheng 仅在白榆上发现过。

植物的各个部位都有介壳虫寄生，但在地上部分生活的种类多于地下部分生活的种类。一种介壳虫在植物上寄生部位的多寡有所不同，如梨圆盾蚧可侵害包括果实在内的木本植物的所有地上部分；日本龟蜡蚧可在叶片和枝条上生活，但也有许多种类仅寄生植物的某一部位，如珠蚧科、根粉蚧类仅寄生在植物根部；仁蚧科和粉蚧科锯粉蚧族的种类生活在植物叶鞘下的茎上；皮珠蚧科的种类生活在乔木树皮下。甚至有一些介壳虫仅生活在植株上的某一特定部位，占据很小的生态位，如发现倒槌雪盾蚧 *Chionaspis obclavuta* Chen 只生活在叶片的边缘部分。

介壳虫以刺吸式口器吸取植物枝叶为食，在一龄若虫（爬虫）涌散爬行，选择固定取食位置时，口针易于插入也是影响选择位置的因素之一，所以，对于以木本植物枝干为食的种类而言，选择寄生在疤痕、裂缝、枝条分叉及叶腋处，就是自然而然的了。基于此，在采集标本时，这些部位都应该是优先关注的地方。

需要注意的是，某些雌成虫产卵前会爬到周围的植物上，寻找合适的小生境产卵，常被错误地当作寄主植物。真正的寄主植物应该为吸汁营养的植物种类。

3. 与真菌的关系

真菌与介壳虫间的关系主要表现在以下两个方面：一是作为介壳虫的病原真菌，靠介壳虫的营养为生，最终引起介壳虫得病、死亡。如蜡蚧轮枝菌 *Verticillium lecanii* 可寄生角蜡蚧 *Ceroplastes ceriferus* 和红蜡蚧 *Ceroplastes rubens* 等多种蜡蚧和粉蚧，在林间介壳虫中自然流行，对介壳虫的发生起到抑制作用。二是与介壳虫互利互惠，甚至成为共生关系。隔担菌科 Septobasidiaceae 隔担菌属 *Septobasidium* 与盾蚧科 Diaspididae 昆虫形成共生关系，菌体以盾蚧的体液为营养，盾蚧则借菌膜的覆盖得到保护。菌虫共同发展，在植物枝条上形成膏药状的薄膜，称作膏药病。如杏树膏药病（图 14）、花椒膏药病、柑橘膏药病等。在福建云霄，枇杷蚁粉蚧 *Formicococcus eribotryae* 寄生在枇杷根部为害，隔担菌在粉蚧周围形成菌丝层，状如“根瘤”，菌丝层庇护粉蚧，粉蚧分泌的蜜露则为菌类提供营养。同样的情形，在云南，暗褐网柄牛肝菌 *Phlebopus portentosus* 和核桃皑粉蚧 *Crisiococcus matsumoti* 等多种粉蚧之间，菌虫合作形成“菌腔虫瘿”，初步研究显示粉蚧排泄的蜜露对牛肝菌孢子的萌发具有促进作用，有利于牛肝菌子实体的形成。

图 14　杏树膏药病

六、经济重要性

介壳虫皆是植食性昆虫，许多种类是植物特别是多年生植物的重要害虫。它们严重侵害水果、干果、木本观赏植物、林木和灌木，以及室内植物。它们通过取食植物汁液对植物造成损害，造成树势衰弱、叶片早期脱落，严重为害时引起树木死亡。受害叶片和果实失绿变色，枝条畸形，有时形成虫瘿。

介壳虫是韧皮部取食者，将其细长的口针插入韧皮部吸取汁液。由于韧皮部汁液中含有丰富的碳水化合物和短缺的可溶性氮，导致介壳虫为了满足对氮的需求，需要摄取大量的汁液。这样，多余的碳水化合物通过复杂的肛门结构排出体外，就是蜜露。粉蚧和软蚧等排泄的富含糖分的蜜露，为煤污病菌的生长提供了培养基，当黑色的菌丝布满叶片时，将干扰叶片的光合作用，导致果品含糖量减少，质量降低；观赏植物则失去了其观赏价值。间接的为害包括介壳虫对寄主注射毒素，以及粉蚧作为某些植物病毒的传播媒介。对营养物的摄取可导致植物生长发育受阻，树势衰弱，进而易于受其他昆虫（如钻蛀害虫）及病菌侵害。

介壳虫及其产品自远古时代起就被人类广泛利用。圣露柽粉蚧 *Trabutina mannipara* 排泄的蜜露，在《圣经·旧约》中认为是神赐的粮食“吗哪”，帮助古以色列人出埃及时在西奈沙漠旷野生活 40 年。胭珠蚧 *Porphyrophora polonica*，红蚧 *Kermes* spp.，紫胶蚧和胭脂蚧均可产生染料，其中胭脂蚧在加那利群岛、秘鲁和墨西哥等地被养殖生产生物染料胭脂红。紫胶蚧雌虫分泌的紫胶在工业上具有多种用途。紫胶树脂具有绝缘、防潮、防锈、黏合力强、易干、耐酸、化学性能稳定等特点，广泛应用于军事、电气、机械、木器、食品、药物等行业，作为防护和装饰的涂料和原料。紫胶色素主要用作食品和饮料的着色剂。紫胶蜡在制作鞋油、地板蜡、油墨纸和抛光纸，以及作为果、蛋保鲜剂方面有广泛用途。在中国，白蜡蚧 *Ericerus pela* 雄性二龄若虫分泌的虫白蜡，熔点高、无臭、无味、稳定性强，是军工机械、精密仪器生产中最好的模型材料，是纺织工业的着光剂，电子机械工业用以绝缘、防潮、防腐、防锈；作为润滑剂，是上等汽车蜡、地板蜡、上光蜡、高级化妆品、鞋油的贵重原料，果树嫁接的接合剂；并可制作蜡烛和用作医药。北美洲印第安人采集栎壶链蚧 *Cerococcus quercus*，作为口香糖。墨西哥和中美洲的土著人从绵蚧 *Llaveia axin* 雌成虫体内提取的“脂肪”作为“漆”，用于木头防水，也可作为医药和化妆品颜料的一种成分。在地中海地区，地珠蚧的“珠体”用线串起来可以制作项链。此外，介壳虫还可用于恶性杂草的生物防除，如胭蚧 *Dactylopius opuntiae* 成功控制了美国圣克鲁兹岛 Santa Cruz Island 的仙人掌。许多介壳虫排泄的蜜露为蚂蚁等昆虫提供了食物来源，其中蜜蜂取食蜜露生产的蜂蜜，称作“甘露蜜”。介壳虫具有复杂的染色体系统，是遗传学研究的良好材料。

七、防治方法

介壳虫种类繁多，虫体微小，且被蜡泌物所覆盖，繁殖量大，给防治带来困难。防治时应掌握以预防为主、综合治理的植保方针，从介壳虫与其周围环境条件的复杂关系中，找出对其不利的因素，采用合理的措施，创造不利于介壳虫大发生的条件，以控制其不成灾为目的。具体措施有：

1. 植物检疫

介壳虫体形微小，多营固着生活， 极易随苗木、接穗、果品等植物材料的调运传播，且部分种类孤雌生殖，容易在传入地暴发成灾。因此，在植物产品调运时，要严格执行检疫法规，采取措施，防止危险性介壳虫从境外传入或在国内传播。

2. 生物防治

介壳虫天敌种类多，数量众，是抑制介壳虫大发生的主要因素。因此，减少或避免在天敌发生盛期使用农药，保护天敌的越冬场所，为天敌的生长和繁育创造良好的条件等是抑制介壳虫的一项重要措施。引进和释放介壳虫天敌亦是防治介壳虫的有效方法，如美国通过引进澳洲瓢虫成功地防治了柑橘上的吹绵蚧，广东从日本引进花角蚜小蜂 *Coccobius azumai* Tachikawa 防治松突圆蚧 *Hemiberlesia pitysophila* Takagi，取得了良好效果。

3. 物理防治

在虫量少时，可结合修剪，剪除带虫枝条，或用麻布刷、钢刷等工具刷去虫体、卵囊。对草履蚧，可在秋冬季节挖除树干周围土中的卵囊，集中销毁。于早春若虫上树前，在树干离地约 60cm 处，缠绕一周 30~40cm 宽的光滑塑料薄膜带或涂 20cm 宽的黏虫胶，阻止若虫上树。

4. 园林技术防治

通过栽植抗虫品种、施肥灌水等园艺措施，促进树木的健康生长，从而增强植物对介壳虫的抗性。

5. 化学防治

药剂种类的选择和施药时间是介壳虫防治成功的关键因素。药剂应选择内吸剂和触杀剂。施药适期：一是在各代初孵若虫涌散期，此时虫体不被蜡或被有少量蜡粉，对药剂的抗性最弱，且在植物体上爬行，容易接触药剂；二是越冬期；三是对于两性生殖的种类，可以在雄成虫发生期，设置性信息素诱捕器，诱杀；或在雄成虫发生盛期，喷洒农药杀灭。

第二部分

旌蚧总科 Orthezoidea

旌蚧总科较原始，
腹部气门常存在。
雄虫小眼聚成群，
拟或分离成多对。

一、始珠蚧科 Qinococcidae

体多细长始珠蚧，寄生皮下害植物。
触角细长端节截，胫端多毛腹疤缺。

雌成虫体长条形、蝌蚪形或长椭圆形，尾端钝圆。体较大，长可达 12mm，橘黄色或紫红色。触角发达，10 节，或退化为 1 节。足无或有，如有，爪齿 2 个或 3 个。雄成虫触角丝状，10 节。腹部末端有 2 束白蜡丝。寄生在植物树皮下。分布于古北区南部及东洋区。目前全世界有 3 属 8 种，我国 2 属 6 种。

1. 柏杉优珠蚧 *Abrococcus cunnighamia* Zheng & Wu, 2023

【分类地位】优珠蚧属 *Abrococcus* Zheng & Wu。

【识别要点】雌成虫体长条形，长可达 12mm，黄色。触角 10 节。足发达。若虫亦长条形，白色。

【生物学】寄生在主干树皮下。

【寄主】柏树、杉木。

【分布】贵州。

为害状

珠体

雌成虫玻片标本

2. 忍冬长珠蚧 *Neogreenia lonicera* Wu & Nan, 2012

【分类地位】长珠蚧属 *Neogreenia* MacGillivray。

【识别要点】雌成虫体长椭圆形，长约 5mm，宽约 1.8mm，背面突起，腹面平，膜质，橘黄色。单眼和口器黑色，触角、足和气门黄褐色。虫体四周被白色虫蜡所包围。

【生物学】寄生在植物主干树皮下。

【寄主】小叶忍冬。

【分布】内蒙古。

为害状

3. 桂花长珠蚧 *Neogreenia osmanthus* (Yang & Hu, 1994)

【异名】*Kuwania osmanthus* Yang & Hu。

【别名】桂花桑名蚧。

【分类地位】长珠蚧属 *Neogreenia* MacGillivray。

【识别要点】雌成虫体长椭圆形，腹部较宽，长约 5mm，宽约 2mm，橘黄色至橘红色。触角 10 节。口器退化但存在。足 3 对，中度发达。

【生物学】寄生在主干树皮下。1 年可能发生 1 代，以珠体越冬。翌年 5 月羽化为雌成虫，沿树干爬行，寻找翘皮下缝隙，分泌蜡丝后，产卵。两性生殖。

【寄主】桂花、大叶冬青。

【分布】广西、江苏、贵州。

雌成虫背、腹面

在树干上爬行的雌成虫

卵粒

即将产卵的雌成虫和产卵后死亡的雌成虫及卵

珠体

4. 槐树长珠蚧 *Neogreenia sophorica* Wu, 2006

【分类地位】长珠蚧属 *Neogreenia* MacGillivray。

【识别要点】雌成虫体长倒梨形至长形，长3.75~ 6.05 mm，宽 1.70~2.75 mm，膜质，体背突而腹面平，橘黄色。眼点和口器黑色。触角、足和气门清晰可见，黄褐色。触角 10 节。整个虫体四周被白色虫蜡所包围，位于树皮下木质部的凹陷内。二龄若虫体倒梨形，前端宽圆，后端狭窄，初期体小且色白，后期体变大，体长约 3.8mm，宽约2mm，颜色橘黄色，且表皮硬化，尤以末端明显。触角退化为片状，足缺。

【生物学】在北京 1 年发生 1 代，以二龄珠体在树皮中越冬。成虫始见于 4 月初，终见于 6 月底。营孤雌生殖。

【寄主】国槐、文冠果。

【分布】北京。

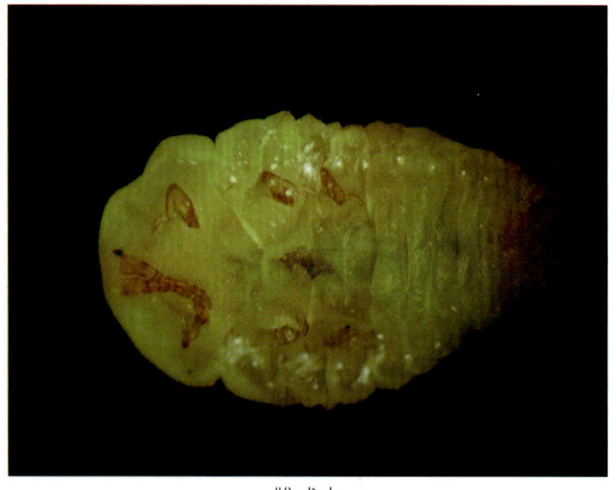
雌成虫

树皮下的雌成虫

卵

一龄若虫

早期珠体

晚期珠体

为害状（1）

为害状（2）

5. 枣树长珠蚧 *Neogreenia zizyphi* Tang, 1995

【分类地位】长珠蚧属 *Neogreenia* MacGillivray。

【识别要点】雌成虫体长条形，长 3~7mm，宽 1.5~2.0mm，刚羽化时橘黄色，后变为红色。触角 10 节。口器存在，但无口针。足发达，跗节镰刀状弯曲，爪粗大，下侧 有 3 个齿突。二龄若虫阔卵形，无足，触角退化，黄色。三龄雄若虫体长条形，黄色，触角 9 节，足发达。

【生物学】1 年发生 1 代，以二龄若虫在树皮下越冬。营两性生殖。成虫出现在 5 月上中旬。雌成虫羽化后可在树皮表面爬行。交尾时头部插入树皮缝中露出尾端，诱引雄成虫交配。

【寄主】枣。

【分布】山西 。

雌成虫

为害状

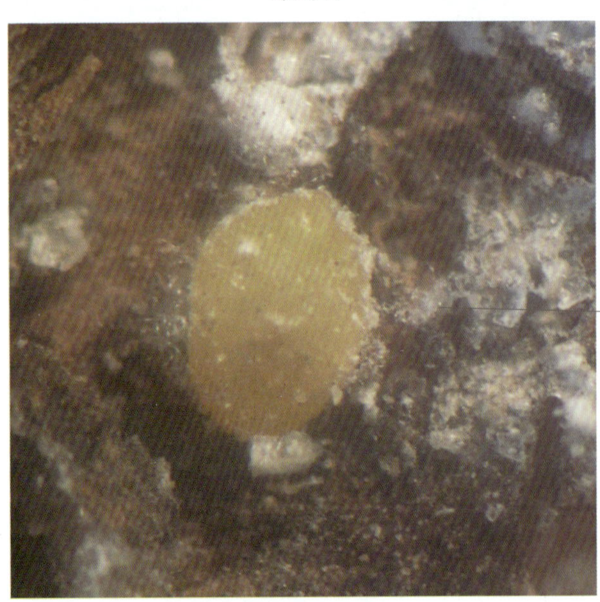

二龄若虫

三龄雄若虫

6. 罗汉松始珠蚧 *Qinococcus podocarpus* Wu, 2022

【分类地位】始珠蚧属 *Qinococcus* Wu。

【识别要点】雌成虫体蝌蚪形，前体宽，后体窄，长 5~8mm，金黄色，但腹部末端红色。触角退化成片状。足缺。口针发达。整个虫体被白色半透明蜡包裹。雄成虫红褐色，触角丝状 10 节，足细长。前翅透明，前缘有翅痣。腹部背面末端有 2 束白色蜡丝伸出。珠体黄白色，雌性梨形，雄性宽椭圆形。

【生物学】1 年发生 1 代，可能没有越冬现象。雌成虫及珠体均寄生在主干或粗枝条树皮下，可达木质部。雄性三龄若虫触角和足发达，可爬至翘皮裂缝内分泌蜡丝，形成丝茧，在其中化蛹。雄成虫出现在 12 月下旬至翌年 1 月上旬。卵黄色，产在虫体后。卵期长可达 35d。

【寄主】罗汉松。

【分布】广西。

为害状

二龄若虫

雌成虫

三龄雄若虫

雄成虫

二、皮珠蚧科 Kuwaniidae Kuwaniid scale

口器退化皮珠蚧，触角九节体红色。
胫端多毛尾部钝，活在栎皮缝隙内。

雌成虫长椭圆形，常红色。触角 9 节。足分节正常。口器退化。寄生在树皮裂缝内。全世界已知1属6种，我国3种，除下面介绍的双孔皮珠蚧外，还有栎树皮珠蚧*Kuwania quercus* (Kuwana, 1902) 和柯树皮珠蚧 *Kuwania pasaniae* Borchsenius, 1960。

7. 双孔皮珠蚧 ***Kuwania bipora*** **Borchsenius, 1960**

【别名】昆明桑名蚧、榉详硕蚧、云桑名蚧。

【分类地位】皮珠蚧属 *Kuwania* Cockerell。

【识别要点】雌成虫体长椭圆形，头端窄，尾端宽圆，长约 1mm，最宽处 0.6mm，深红色。触角 9 节。口器缺。足 3 对，发达。雄成虫体红色，约 0.6mm 长。触角 10 节，细长。复眼发达，黑色。翅薄，除前缘红色外白色透明。足细长。腹部近末端背面伸出 13~17 根长蜡丝。

【生物学】珠体若虫寄生在主干树皮裂缝内。雄虫在枯枝落叶内结茧化蛹，雌成虫产卵时分泌棉团状卵囊。

【寄主】栎类、黧蒴锥。

【分布】广东、云南。

雌成虫

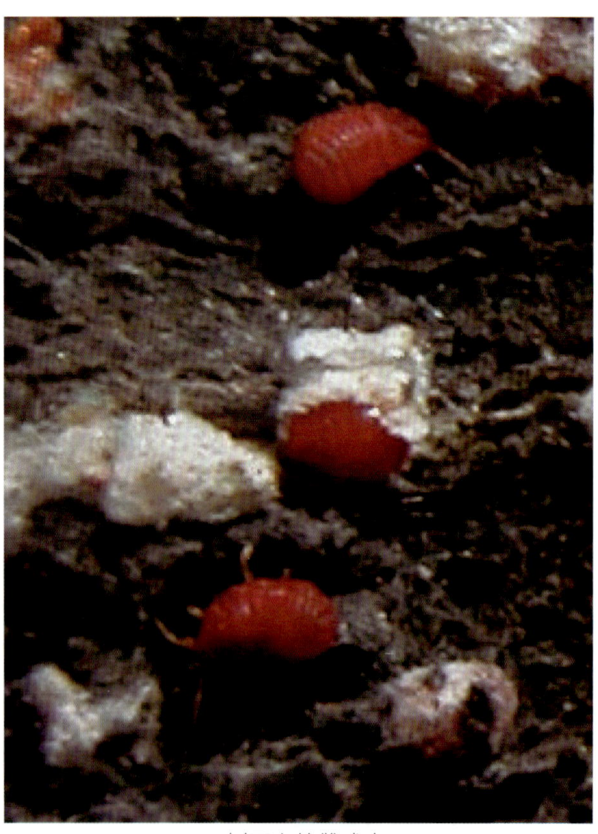

树干上的雌成虫

雄成虫

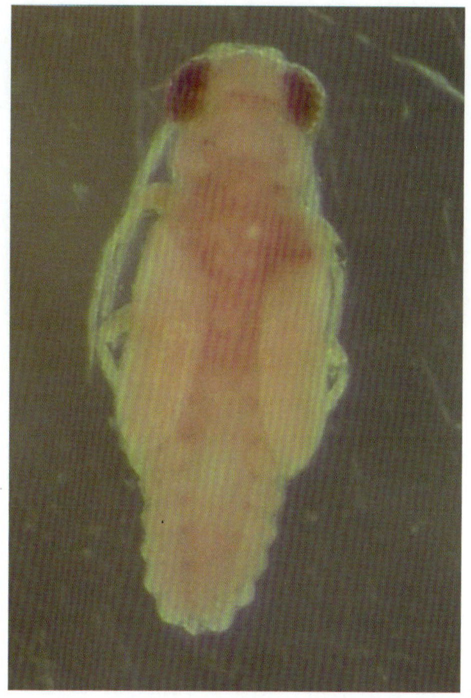
雄蛹

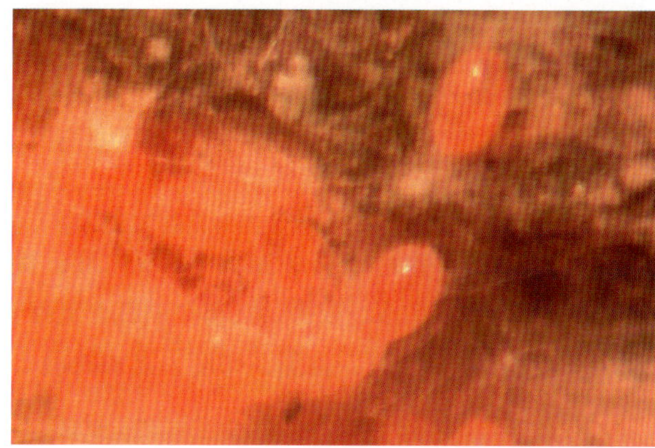
卵

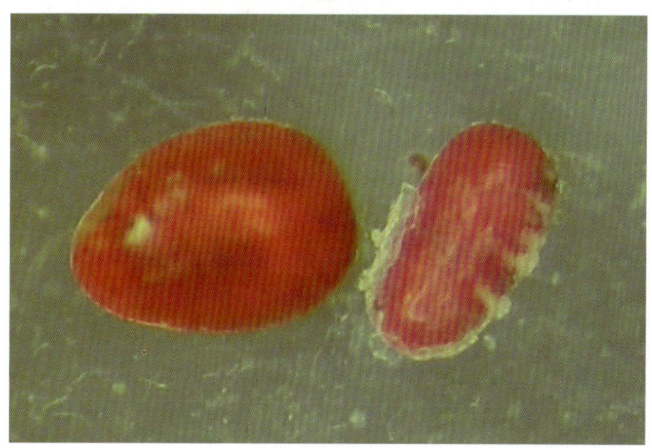
雌、雄珠体

三龄雄若虫

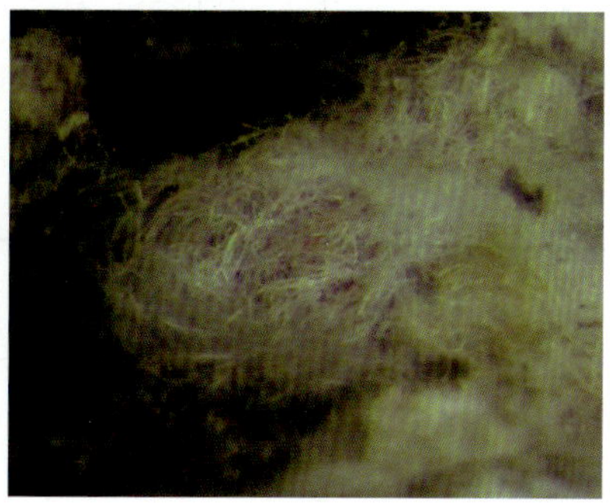
雄茧

为害状

三、松珠蚧科 Matsucoccidae Pine bast scales

跗节二节松蚧科，专寄松科干枝叶。
气门腔内盘孔无，雄虫翅面羽状纹。

松珠蚧科又名松蚧科、松干蚧科。雌成虫长椭圆形，常红色、绿色、褐色。触角多9节，两触角基部相距近，在头部呈“V”形。足存在。雄成虫体多暗色，触角丝状，前翅翅面上有明显的羽状纹，腹部近末端背面有1束蜡丝。珠体生活在树皮下、针叶束或针叶上。雌成虫通常从体末端分泌丝状卵囊。寄生在松属植物上。全世界2属42种，我国记录7种。

8. 日本松干蚧 *Matsucoccus matsumurae* (Kuwana, 1905)

【别名】黑松松干蚧、松干介壳虫。

【英文名称】Pine bast scale。

【分类地位】松珠蚧属 *Matsucoccus* Cockerell。

【识别要点】雌成虫体卵圆形，腹末肥大，体长2.5~3.3mm，橙褐色。体壁柔软。触角9节，基部2节粗大。口器退化。足3对。腹末有1个“∧”形臀裂。雄成虫体长1.3~1.5mm，翅展3.5~3.9mm。头胸部黑褐色，腹部淡褐色。复眼大而突出，紫褐色。触角丝状，10节。前翅发达，膜质半透明，翅面上有明显的羽状纹。腹部近末端背面有1束10~16根白色长蜡丝。二龄若虫触角和足退化，口器特发达，虫体周围有长的白蜡丝。雌珠体较大，圆珠形或扁圆形，橙褐色；雄珠体较小，椭圆形，黑褐色。

【生物学】1年发生2代，以一龄若虫寄生在树皮缝隙、翘裂皮下越冬、越夏。主要以二龄若虫寄生在3~4年生枝条的轮枝处及10年生以下主干阴暗面的树皮缝隙处刺吸树液为害，造成树干向阴面倾斜弯曲或枝条软化下垂，树皮翘裂，针叶枯黄，芽梢萎蔫，进而整株衰亡。一般以10~15年生树木受害最重。

【寄主】赤松、油松、马尾松、黑松、黄山松、美人松、琉球松等。

【分布】最早于1942年发现于辽宁大连。吉林、辽宁、河北、山东、安徽、江苏、浙江、上海、贵州等地。日本，朝鲜，韩国，印度，孟加拉国。

雌成虫

雄成虫

珠体

雌成虫及卵囊

9. 中华松针蚧 ***Matsucoccus sinensis* Chen, 1937**

【异名】*Sonsaucoccus sinensis* (Chen)。

【别名】中华松梢蚧、中华松干蚧。

【分类地位】松珠蚧属 *Matsucoccus* Cockerell。

【识别要点】雌成虫体纺锤形，头端略大而宽圆，腹部变窄且末端内陷。体长约 2mm，橙褐色。触角 9 节。口器无。胸足趋于退化，隐藏在二龄若虫蜕皮内，仅在交配时部分虫体伸出。雄成虫头胸部黑色，腹部褐色。触角丝状，10 节。复眼大，突出于头侧。足细长。前翅发达，透明。腹部末端背面有成束的白蜡丝。二龄若虫为无肢的珠体，黑色。触角和足退化。口器特别发达。雌、雄分化明显。雌若虫较大，倒卵形；雄若虫较小，椭圆形。三龄雄若虫体椭圆形，红黄色，触角和足发达。

【生物学】1 年发生 1 代，以一龄若虫寄生在针叶上越冬。以若虫在松针上刺吸汁液，致使松针枯黄，提早脱落，新梢抽出困难，枝条萎蔫枯死。严重发生时，成片的松林如火烧一般。

【寄主】油松、马尾松、黄山松和黑松。

【分布】辽宁、安徽、江苏、浙江、福建、广东、山东、河南、重庆、四川、贵州、云南、甘肃等地。

从二龄蜕皮中伸出的雌成虫

二龄若虫（珠体）

雄成虫

正在为害的二龄若虫（珠体）

雌、雄交配状

三龄雄若虫

一龄若虫

为害状

四、木珠蚧科 Xylococcidae Xylococcid scale insects

腹末硬化木珠蚧，寄生主干树皮下。
气门腔内盘孔有，珠体末端蜡管长。

雌成虫体椭圆形或梨形，大，常红色或褐色。触角存在。足有或无，如有，分节正常，跗节2节。口器常退化。雄成虫触角丝状，10节。翅烟灰色。腹部近末端背面伸出2束长蜡丝。二龄若虫为珠体，位于树皮下木质部内，肛门分泌白色长蜡丝伸出树皮外。全世界已知2属11种，我国1种。

10. 鬣蒴木珠蚧 *Xylococcus castanopsis* Wu & Huang, 2017

【分类地位】木珠蚧属 *Xylococcus* Low。

【识别要点】雌成虫体卵形至长卵形，胸部最宽，长可达7.6mm，宽约3.6mm，浅红色。表皮膜质。触角为不清晰3节。口器退化。足全缺。在阴门附近和气门开口处常被有白色蜡粉。雄成虫体圆柱形，腹部稍扁平。体长约3.5mm，翅展约8.0mm。橘黄色至橘红色。口器退化。触角细长，10节。翅大且阔，多少有点烟灰色，前缘脉红褐色。足细长，黑褐色。第7、8腹节后半部各有1个浅色斑，由此伸出2束白色长蜡丝，其长度约等于体长。二龄若虫（珠体）卵圆形至梨形，长2.5~3.2mm，宽2.0~2.5mm，白色至淡黄色。体前部膜质，后端硬化。触角退化成片状。足全缺。口器发达。单个生活在陷入木质部的坑穴中。腹部被有白色蜡粉，并被半透明蜡壳包裹。从肛孔伸出1根白色中空长蜡管，其长度可为虫体长的3~6倍。

【生物学】寄生在气生根及主干基部，1年发生1代，雌、雄成虫出现在11月。

【寄主】鬣蒴锥。

【分布】广东。

雌成虫背面观

雌成虫腹面观

雄成虫

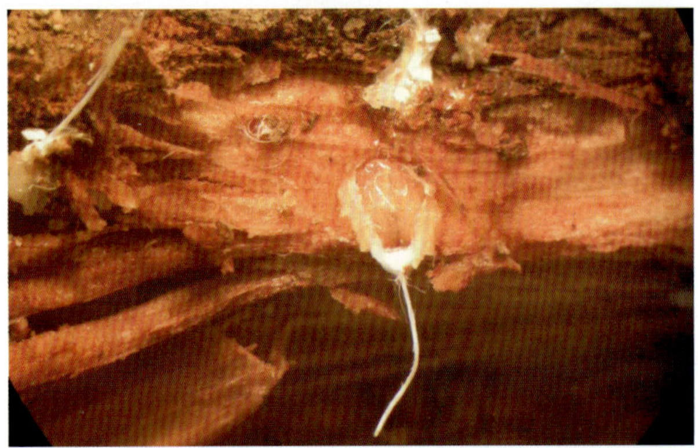
在木质部内的珠体

珠体

珠体分泌的蜡管

经蜡管排泄的蜜露

为害状

五、地珠蚧科 Margarodidae Ground scales

前足开掘地珠蚧，体大皮软害根部。
触角粗短五六节，口器退化腹疤缺。

雌成虫体宽椭圆形或梨形，背面半隆起。触角粗短，塔形，前足膨大变为开掘式。雄成虫触角丝状或栉齿状。翅色浅，有翅痣。腹部近末端背面伸出 2 束长蜡丝。二龄若虫体近圆球形，无足，触角仅存遗迹，口针发达，不动，固着寄生，称为“珠体”。本科昆虫营隐蔽生活，潜居土壤中为害植物根部。全世界 10 属 109 种，我国 3 属 7 种。

11. 花生新珠蚧 *Neomargarodes gossypii* Yang, 1979

【异名】*Neomargarodes chondrillae* Arch. angelskaya，1935（错误鉴定）；*Neomargarodes niger*（Green，1912）（错误鉴定）。

【别名】棉根新珠蚧、野菊新珠蚧、新黑地珠蚧、乌黑地珠蚧、棉地珠蚧等。

【分类地位】珠蚧族 Margarodini，新珠蚧属 *Neomargarodes* Green。

【识别要点】雌成虫体阔椭圆形，长 4.8~8.8mm，宽 4.2~6.6mm。身体柔软，大部乳白色，胸部腹面黄白色至黄褐色，被有稀疏黄褐色柔毛。触角 6 节，塔形。足短，黑色，前足较发达，胫节、跗节和爪融合，强烈骨化，呈“T”形，适于挖掘。口器缺。雄成虫黑褐色，体长 2.0~3.0mm。触角 7 节，栉齿状。复眼发达，朱红色。前翅发达，后翅退化为平衡棒。前足粗壮，适于掘土，中、后足较细长。腹部近末端背面伸出 1 束白色蜡丝，常长于身体。二龄若虫球形，表皮硬化，黑褐色，触角、足退化，口器发达。雌虫大，雄虫小。

【生物学】1 年发生 1 代，以二龄若虫在土中越冬。成虫不取食，主要以二龄若虫寄生在植物根部吸汁为害。

【寄主】花生、大豆、棉花等。

【分布】河南、河北、陕西。

雌成虫腹面观

雌成虫背面观

雄成虫

为害状

珠体

12. 甘草胭珠蚧 ***Porphyrophora sophorae*** **(Archangelskaya, 1935)**

【异名】*Porphyrophora ningxiana* Yang，1979；*Porphyrophora xinjiangana* Yang，1979。

【别名】宁夏胭珠蚧、新疆胭珠蚧。

【英文名称】Sophora carmine scale insect。

【分类地位】胭珠蚧族 Porphyroprorini，胭珠蚧属 *Porphyrophora* Brandt & Ratz。

【识别要点】雌成虫体长 6mm 左右，卵形或梨形。背面突起，全身胭脂红色。体壁柔软，密生浅色细毛。触角短，塔形，7~9 节，节短缩呈环状。喙缺。足 3 对，前足较中、后足粗壮，开掘式，胫节与跗节愈合，爪长而弯曲。雄成虫体长 2.5mm，暗紫红色。触角 8 节。复眼大。喙无。前翅发达膜质，翅痣红色，后翅退化成平衡棒，呈刀形。胸部膨大呈球形。腹部瘦细，末端有 1 束长蜡丝，超过体长 1~2 倍。二龄若虫体球形，紫红色，雌珠体大，雄珠体小，体表常附土粒。

【生物学】1 年发生 1 代，少数个体 2 年完成 1 代，以卵在土中的卵囊内越冬，成虫出现在 8 月中下旬。两性生殖。主要以二龄若虫寄生在植物根部吸汁为害。

【寄主】甘草、黄花苦豆、花棒、小花棘豆、野决明、锦鸡儿等。

【分布】宁夏、甘肃、内蒙古、新疆。

雌成虫背面观

雌成虫腹面观

珠体

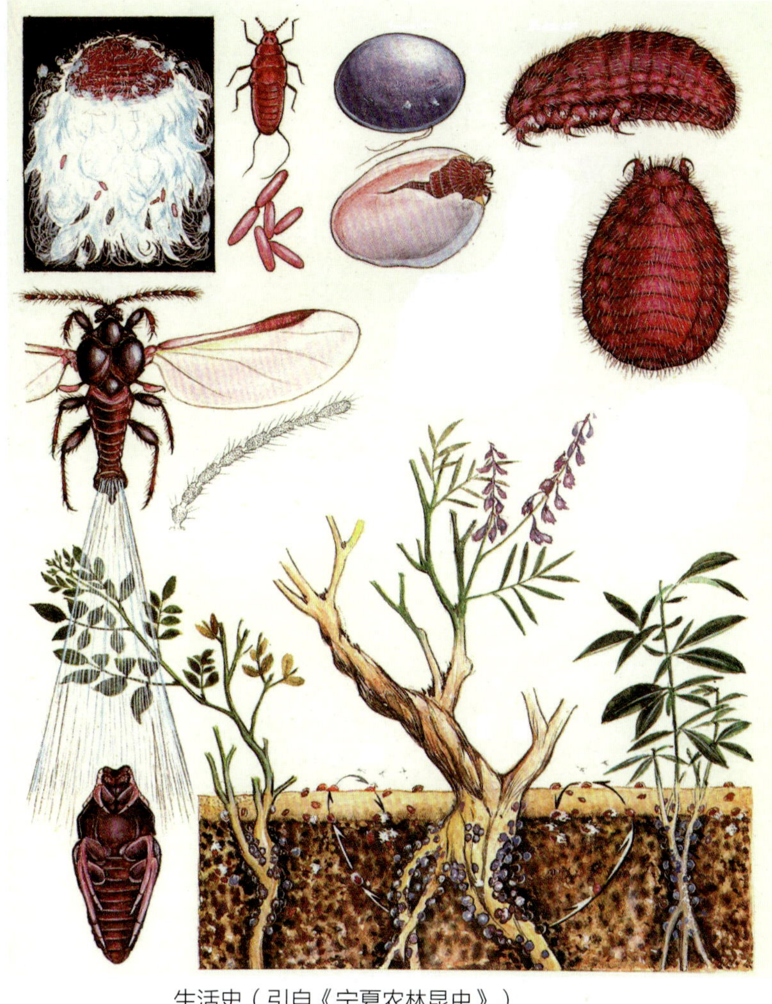
生活史（引自《宁夏农林昆虫》）

13. 黄蓍胭珠蚧 *Porphyrophora epigaea* Danzig, 1983

【分类地位】胭珠蚧族 Porphyroprorini，胭珠蚧属 *Porphyrophora* Brandt & Ratz。

【识别要点】雌成虫外形似甘草胭珠蚧，区别在于本种触角端节长大于宽，顶端有 2~3 根长毛，胸气门腔内多孔腺 3~5 个；而甘草胭珠蚧触角端节长与宽约等长，顶端有长毛 7~9 根。二龄若虫紫红色，球形。未发现雄成虫。

【生物学】1 年可能发生 1 代，以二龄若虫在寄主植物的根部越冬，成虫于 4 月下旬至 5 月上旬羽化。营孤雌生殖。

【寄主】黄花苦豆。

【分布】内蒙古。

雌成虫背面观

雌成虫腹面观

为害状

珠体

六、丝珠蚧科 Steingeliidae Steingeliid scale

雌体细长丝珠蚧，触角八节两相接。
胸足发达爪多毛，珠体根部讨生活。

雌成虫体细长，黄色。触角 8 节，基节很大。两触角在头端相互连接，呈“V”形。足正常发达，爪基部有端部膨大的爪冠毛 8~12 根。体裸露。二龄若虫为珠体阶段。产卵时分泌棉絮状卵囊。全世界有 5 属 10 种，我国 1 属 1 种。

14. 古北丝珠蚧 *Steingelia gorodetskia* Nassonov, 1908

【别名】西伯利亚长松蚧。

【英文名称】Birch bark scale。

【分类地位】丝珠蚧属 *Steingelia* Nassonov。

【识别要点】雌成虫体细长形，暗色，长 3.5~5.0mm，宽约 1.5mm。触角 8 节。足发达，爪冠毛多根。卵囊绵毛状，长 4~6mm。

【生物学】寄生在寄主根部，雌成虫可在主干上爬行。

【寄主】桦树。

【分布】黑龙江。欧洲，北美洲。

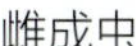

雌成虫

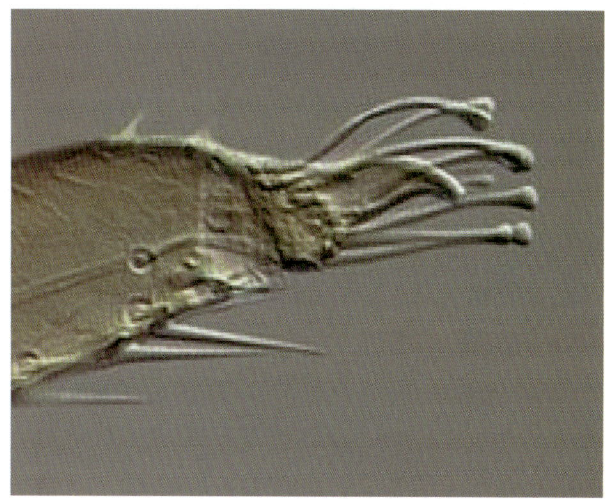

爪冠毛

七、旌蚧科 Ortheziidae
Ensign scales

体被蜡片旌蚧科，环毛六根胫跗合。
触角顶端具粗刺，携囊爬行似旌旗。

雌成虫椭圆形或卵圆形，体节分节明显。触角 3~8 节，其顶端或有 1 根粗短刺，或有 1 根长粗毛。单眼着生在突出的短柄上。足发达。体上有许多粗刺，在体面常密集成一定的斑纹。分泌蜡质结成紧密的蜡片，由蜡片组成的卵囊紧附在虫体的末端。白色卵囊比虫体长，当雌成虫移动时举起卵囊，形成飘动的旌旗，因而被称作旌蚧。雄成虫复眼大，足和触角长。触角 9 节，长过身体。前翅通常细长，平衡棒钩状或镰刀状。腹末有向后下方弯曲的交配器。多寄生在草本植物和灌木上。全世界 24 属 214 种，我国已知 5 属 7 种。

15. 寡毛旌蚧 *Insignorthezia insignis* (Browne, 1887)

【异名】*Orthezia insignis* Douglas。

【别名】明旌蚧。

【英文名称】Greenhouse orthezia。

【分类地位】旌蚧亚科 Ortheziinae，寡毛旌蚧属 *Insignorthezia* Kozar。

【识别要点】雌成虫体阔卵形，长约 1.25mm，黄褐色至暗褐色。足红褐色。体背略隆起，边缘被白色蜡条环绕，头部蜡条最短，向后渐长。背中部有大小不等的蜡片排成 2 纵行，留下大片无蜡裸区，明显可见虫体。卵囊在体后，很长，长可达体长 2 倍；具有明显的肋状脊纹，上弯，牢固地贴附在虫体腹部。触角 8 节，足发达。

【生物学】寄生在植物叶片背面及嫩茎上。

【寄主】马缨丹、紫茎泽兰、飞机草等。

【分布】湖南、香港、台湾、浙江、江西、云南。英国，非洲，美洲。

带卵囊的雌成虫背面观

带卵囊的雌成虫腹面观

雌成虫及若虫

16. 贵州日旌蚧 *Nipponorthezia guizhouensis* Zheng & Xing, 2020

【分类地位】日旌蚧亚科 Nipponortheziinae，日旌蚧属 *Nipponorthezia* Kuwana。

【识别要点】成虫体阔椭圆形，背面大部分区域裸露，呈黄色，仅背面中线处、背面腹部末端亚中部及边缘具有突出的短块状蜡质，边缘蜡质在腹末最长。腹面仅腹部具有蜡质形成的卵囊。虫体背腹面、触角及眼黄色，足与喙呈棕黄色。虫体长 1.1~1.3 mm，宽 0.9~1.0 mm，体表具有大量褶皱，在侧缘可见突出结构。

【寄主】可能为苔藓。

【分布】贵州。

雌成虫

17. 荨麻旌蚧 *Orthezia urticae* (Linnaeus, 1758)

【别名】菊旌蚧。

【分类地位】旌蚧亚科 Ortheziinae，旌蚧属 *Orthezia* Bosc d' Antic。

【识别要点】雌成虫体卵圆形，褐色，长约2.6mm，宽约2.1mm。触角8节。体背被有成列蜡片，头部有2块较大的蜡片伸向背前方；胸、腹部每节有蜡片4块，中间的2列蜡块相对较小，其中胸部蜡块宽且较扁平，腹部蜡块愈向腹末愈窄，且向上凸出，肛门后1对较长，向后伸出；边缘的蜡块向侧后伸出，愈向后愈伸长为蜡条，其中末2对长度可达虫体长的2/3强。卵囊约为虫体长的2倍，腹面平滑，背侧面由9块蜡片组成。

【生物学】寄生在植物叶片背面及嫩茎上。

【寄主】荨麻、绣线菊等多种植物。

【分布】黑龙江、吉林、内蒙古。日本，俄罗斯，英国。

带卵囊的雌成虫腹面观

带卵囊的雌成虫背面观

若虫

18. 艾旌蚧 *Orthezia yasushii* Kuwana, 1923

【英文名称】Yasushi orthezia。

【分类地位】旌蚧亚科 Ortheziinae，旌蚧属 *Orthezia* Bosc d' Antic。

【识别要点】雌成虫体宽椭圆形，长 2~3mm，宽 1.2~1.9mm，背面红褐色。足黑褐色。整个背面被有鳞状白色蜡片，背中线两侧排列 10 对蜡片，前端的 1 对位于头部上端在触角中间突出，第 10 对先端弯曲接合在肛门的周围成为轮形。体缘每侧有蜡棒 10 对，基部 4 对短小，端部 6 对向后方逐渐加长，第 8、9 对延伸到卵袋的后半部，第 10 对很小不显著。雌虫在产卵期分泌卵袋，卵袋上有肋状的脊纹，牢固附贴在虫体腹部。触角 8 节。全身有许多粗刺。

【生物学】寄生在叶片背面和嫩茎上。在内蒙古伊金霍洛旗，1 年发生 2 代，以未交配雌成虫和三龄雄若虫在植物根际土中越冬。

【寄主】艾蒿、沙蒿、野蔷薇等多种植物。

【分布】北京、山西、内蒙古、河南、山东、湖北、云南、四川、陕西、新疆、台湾等。日本，朝鲜，韩国。

注：本种与荨麻旌蚧 *Orthezia urticae* (Linnaeus) 外形相似，易混淆，以前我国常将本种错误鉴定为荨麻旌蚧。

带卵囊的雌成虫腹面观

若虫

带卵囊的雌成虫背面观

雄成虫

八、绵蚧科 Monophlebidae
Gaint scales

体大足壮绵蚧科，肛孔在背环毛缺。
雌被丰富蜡泌物，雄有复眼和尾突。

雌成虫多数体型大，皮肤柔软，胸、腹部分节明显。触角节数可多达 11 节。口器和足发达。腹气门 2~8 对。有的种类在生殖期形成蜡质卵囊。雄成虫具复眼。触角丝状，10 节，第 3 节以上每节常呈双瘤式或三瘤式。翅黑色或烟煤色，纵褶。腹末常有成对向后突出的肉质尾瘤。本科种类生活在植物的枝叶表面及根部。全世界 47 属 265 种，我国已记录 5 属 15 种。

19. 锥栗冠绵蚧 *Coronaproctus castanopsis* Li , Xu & Wu, 2023

【分类地位】唇绵蚧族 Labioproctini，冠绵蚧属 *Coronoproctus* Li，Xu & Wu。

【识别要点】雌成虫椭圆形，背面高度隆起，侧缘近乎垂直。触角 10 节。蜡壳椭圆形，背面高突，长 7.5~8.5mm， 宽 6.0~7.0mm， 高 5.5~6.5mm。蜡壳为薄的硬质分泌物，全在体背，腹面无蜡。腹面紧紧固定在植物体上，前端很难剥离，剥离时常损坏虫体，流出黄色汁液，腹中部为一大内腔，有许多白蜡丝。背面的蜡壳也难以与虫体剥离。背面蜡壳可分为正背面和侧面两部分，之间被 1 条纵向蜡脊分开，蜡脊中部有 1 条纵沟。侧面表面基本光滑，中部略内凹。体缘有一圈片状蜡突，数量 20 个左右。正背面体前半部有 5 个蜡突，呈 3 行排列：前 2 行各 2 个，但后 1 行大；第 3 行 1 个。每个蜡突有小蜡突呈放射状排列。雄成虫虫体柱形，相对扁平。头部小，圆球形，红褐色，复眼黑色。触角间向前突出。触角黄色，细长，10 节，第三节至端节每节有 3 轮毛。胸部红褐色，但骨片颜色较深。足细长，黄色。前翅发达，烟灰色。腹部红褐色，末节有 1 对长突起，长超过体长之半。

【生物学】寄生在枝条上。

【寄主】甜槠、米槠等壳斗科植物。

【分布】浙江。

为害状

雄成虫

雌成虫

若虫

20. 捷氏隐绵蚧 *Crypticerya jacobsoni* (Green, 1922)

【别名】 杂毛吹绵蚧。

【分类地位】 吹绵蚧族 Iceryini，隐绵蚧属 *Crypticerya* Cockerell。

【识别要点】 雌成虫体阔椭圆形，长约 6mm，宽约 4mm。体橘红色，触角和足黑色。体背被有白色薄蜡，胸部亚中区常缺；头部有 1 个、腹部末端有 2 个颗粒状蜡块。体周缘有 20 根蜡突（最后 1 对常合并在一起），前面 6 根较粗短，后面 14 根较细长；每根均长于体长。无卵袋。触角 10 节。腹疤 3 个，中间 1 个大，近圆形，侧边 2 个比中间的小得多。

【生物学】 成虫和若虫群集在枝条和叶片上，尤以叶背主脉两侧为多。

【寄主】 广泛，木兰科白兰、多花含笑、荷花玉兰、大叶木莲、桂楠木莲，桃金娘科番石榴，千屈菜科降真香，大戟科血桐，马鞭草科柚木等。

【分布】 广东、香港、云南。印度尼西亚，印度，菲律宾，缅甸。

雌成虫

若虫为害状

为害状

雌成虫为害状

21. 蝎子隐绵蚧 *Crypticerya jaihindi* Rao, 1951

【分类地位】吹绵蚧族 Iceryini，隐绵蚧属 *Crypticerya* Cockerell。

【识别要点】雌成虫体椭圆形，长约 6mm，背被白蜡粉，周缘有 1 圈粗长蜡突 20 根，其长远大于体长。

【生物学】寄生在叶片背面近中脉处。

【寄主】番石榴、柚木。

【分布】香港、云南。印度。

雌成虫及若虫蜕壳

22. 草履蚧 *Drosicha corpulenta* (Kuwana, 1902)

【异名】*Warajicoccus corpulenta* (Kuwana)。

【别名】日本履绵蚧、日本硕蚧、草鞋蚧等。

【分类地位】履绵蚧族 Drosichini，履绵蚧属 *Drosicha* Walker。

【识别要点】雌成虫体椭圆形，形似草鞋，背面稍突，腹面平；体长 7~10mm，宽 4~5.5mm。背面暗褐色，边缘橘黄色，背中线淡褐色或黄褐色；体背分节明显，胸部 3 节，腹部 8 节，各节常被明显或不明显的 2 条亚缘纵线和 2 条亚中纵线分成 6 块。肛门口有白色蜡粉。腹面中区黄褐色，外被深褐色亚缘带包围。喙、足和触角亮黑色。眼红褐色。触角 8 节或 9 节。孕卵期体被薄蜡粉。

雄成虫体紫红色，胸背骨片黑色。触角 10 节，除基部 2 节外，其他节均生有 3 轮长毛。前翅淡黑色至紫蓝色，前缘脉红色，有 3 条白色或淡色线从翅近基部伸出。触角、足和复眼黑色。腹末有 2 对尾瘤，均长。生殖鞘锥形。

【生物学】多寄生在枝条上。在北京地区，1年发生1代，以卵在卵囊内于植物的根际附近土壤、树皮缝及枯枝落叶层越夏、越冬。翌年2月出蛰，是北京地区最早活动的昆虫之一。雌若虫三龄，雄若虫四龄（预蛹和蛹包括在内）。雄虫二龄后期在树皮缝、墙缝等缝隙处分泌白絮状蜡茧，化蛹其中。成虫5月出现，6月中下旬下树产卵。天敌主要为红环瓢虫 *Rodolia limbata*，幼虫和成虫均可取食草履蚧成、若虫，对草履蚧具有一定控制作用。

雌成虫腹面观

雌成虫侧面观

雄成虫

【寄主】很多，重要寄主有白蜡、柿、核桃、杏、桃、苹果、柳、梨、臭椿等。

【分布】我国华北、华中及辽宁、陕西等地。日本，韩国，俄罗斯远东。

雌成虫背面观

雌雄成虫交尾

雌成虫产卵

雄成虫尾部

为害状

23. 大红履绵蚧 ***Drosicha turkestanica*** **Archangelskaya, 1931**

【分类地位】履绵蚧族 Drosichini，履绵蚧属 *Drosicha* Walker。

【识别要点】雌成虫体宽椭圆形，长 12~15mm，背面红褐色，腹面黄褐色，边缘橘黄色，背中线浅褐色。触角 8 节或 9 节。雄成虫体紫红色，触角、胸部和足黑色，前翅烟紫色。触角 10 节，尾瘤 3 对，前 1 对较短，末 1 对最长。

【生物学】寄生在主干上。成虫在新疆 5 月出现。

【寄主】杨、李树、榆树、苹果、刺槐等。

【分布】新疆、甘肃。中亚地区。

为害状

雌成虫

24. 埃及吹绵蚧 *Icerya aegyptiaca* (Douglas, 1890)

【英文名称】Egyptian cottony cushion scale, breadfruit mealybug。

【分类地位】吹绵蚧族 Iceryini，吹绵蚧属 *Icerya* Signoret。

【识别要点】雌成虫椭圆形，长 5~7mm，宽 3~4mm，背面橘红色，腹面橘黄色，触角和足黑色。体背被有厚蜡簇。体周缘有 1 圈蜡突，共 21 根，前 6 根短粗、楔状，端部向上卷曲，后 15 根细长。卵袋短，被腹部末端蜡突覆盖。触角 11 节。腹疤 1 个，近圆形。

【生物学】寄生在嫩枝、嫩梢和叶片上。

【寄主】很多，主要有大叶榕、黄葛榕、血桐、番荔枝、番石榴、红背山麻杆、桑、菠萝蜜等。

【分布】起源于埃及。我国最早于 1908 年发现于台湾，后又记录于广东、香港、云南。日本，印度，菲律宾，英国，埃及。

大叶榕枝条上的雌成虫

雌成虫背面观

雌成虫腹面观

25. 吹绵蚧 *Icerya purchasi* Maskell, 1878

【别名】澳洲吹绵蚧、黑毛吹绵蚧、绵团介壳虫、白条介壳虫等。

【英文名称】Cottony cushion scale。

【分类地位】吹绵蚧族 Iceryini，吹绵蚧属 *Icerya* Signoret。

【识别要点】雌成虫椭圆形或长椭圆形，长 5~10mm，橘红色或暗红色。背面被有白色蜡粉，中央有白色或浅黄色蜡簇，缘区有许多玻璃状蜡丝。足、触角黑色。表面生有黑色长毛，在缘区成丛。触角通常 11 节。卵囊从腹末后方生出，白色，半卵形或长形，突出而隆起，与体腹面呈 45° 角，表面有 14~16 条纵脊。

【生物学】每年发生世代因地而异，2~4 代，各虫态均可越冬。低龄若虫多栖于新梢叶背主脉两侧；二龄后转至大小枝分叉处。成虫喜在阴面固定营囊产卵。天敌有澳洲瓢虫 *Rodolia cardinalis*、大红瓢虫 *R. rufopilosus*、小红瓢虫 *R. pumilus* 等。

【寄主】柑橘、海桐、木麻黄、山茶、含笑、月季、金合欢、海棠等多种植物。

【分布】起源于澳大利亚，现已传至各大洲。我国最早于 1904 年在台湾发现，据考证为 1902 年随合欢树从澳大利亚传入，现分布于长江以南各省（区）及河南等地，北方温室亦可见。

雌成虫

为害状（1）

雌成虫及卵囊

为害状（2）

26. 黄吹绵蚧 *Icerya seychellarum* (Westwood, 1855)

【别名】银毛吹绵蚧。

【英文名称】Iceplant scale。

【分类地位】吹绵蚧族 Iceryini，吹绵蚧属 *Icerya* Signoret。

【识别要点】雌成虫体卵圆形或椭圆形，长约6.0mm，橘黄色至砖红色。触角和足黑色。体背面稍向上隆起，被有白色、黄色分泌物。体背中有一系列蜡簇，体缘有长度大致相同的蜡突，且在腹部呈双纵列。蜡被中混有很多细长的玻璃状蜡丝。卵囊自腹部后下端伸出，被蜡丝所覆盖。触角11节。腹疤3个，中间1个较大。若虫黄色。

【生物学】主要寄生在植物叶片上。成、若虫均喜爬行，移动性强。

【寄主】很多，包括苏铁、柑橘、桑、含笑、龙眼、榴莲、木麻黄、槟榔、猴耳环等。

【分布】福建、广东、广西、香港、海南、台湾、云南、四川。日本，印度，缅甸，菲律宾，意大利，南非，大洋洲。

雌成虫

雌成虫及卵囊

为害状

27. 柑橘唇绵蚧 *Labioproctus poleii* (Green, 1896)

【异名】*Walkeriana poleii*；*Labioproctus polei*。

【分类地位】绵蚧族 Monophlebini，唇绵蚧属 *Labioproctus* Green。

【识别要点】雌成虫体椭圆形，背面突起很高，两侧近直，紫红色。蜡壳硬化，底部椭圆形，长 11~14mm，宽 6.5~7.5mm，背面隆起很高，高约 6mm，两侧稍凹。胸背有 5 纵列蜡突，每列 4 个，中部 1 列大，两侧变小，蜡突呈钝锥形。腹部背面无此蜡突。背侧部每侧约有 12 个蜡棍，缘区（蜡壳下缘）亦有此种蜡突。此 2 列蜡突在侧缘相距较远，而在头部和尾部则离得很近。蜡棍和蜡突白色，但基部常有黄色蜡粉，特别是头、胸部者。其他体面被有薄蜡或白蜡粉。腹部近末端肛门周围有 1 簇蜡。触角 10 节。足发达。腹面前端中区有 1 条纵裂缝，其两侧如唇，与后面连接呈“V”形，缝内为内卵腔。

【生物学】一龄若虫寄生在叶片上，其他龄若虫在枝条上；雌成虫在枝条和茎上。

【寄主】缅桂花、柑橘、番石榴、柿等。

【分布】云南。斯里兰卡，印度，印度尼西亚。

雌成虫腹面观

雌成虫蜡壳背面观

雌成虫蜡壳侧面观

九、宾蚧科 Xenococcidae

宾蚧科，很奇特，蚂蚁窝中来做客；
头胸膨大腹如锥，触角远离眼消失。

雌成虫头胸部膨大，腹部细长。整体密被细毛。触角 2~5 节，基节相互远离。发现于蚂蚁窝中。全世界 3 属 33 种，我国 2 属 2 种。

28. 玛宾蚧 *Eumyrmococcus* sp.

【分类地位】玛宾蚧属 *Eumyrmococcus* Silvestri。

【识别要点】雌成虫头胸膨大，腹部细筒形。触角 2 节。足正常。胸气门 2 对，发达。腹部末端有 3 对长刚毛。

【分布】广东。

注：此属在我国以往或列入旌蚧科（胡经甫，1935），或放在粉蚧科（杨平澜，1982；汤祊德，1992）。在我国报道 1 种，史氏玛粉蚧（球胸粉蚧）*Eumyrmococcus smithii* Silvestri, 1926，分布于上海、浙江、香港、澳门。

蚂蚁搬运的玛宾蚧（引自 Maruyama, et al. 2013）

29. 宾蚧 *Xenococcus* sp.

【分类地位】宾蚧属 *Xenococcus* Silvestri。

【识别要点】雌成虫体宽椭圆形，腹部末节锥状，硬化。触角 4 节，几乎与体同长。足细长。

【分布】广东。

注：此属在我国以往或列入旌蚧科（杨平澜，1982），或放在粉蚧科（汤祊德，1992）。在我国报道 1 种，印度宾粉蚧（榕根旌蚧）*Xenococcus annandalei* Silvestri, 1924，分布于我国香港。右图标本采自广东，由郑心怡提供。

雌成虫

宾蚧在根部取食

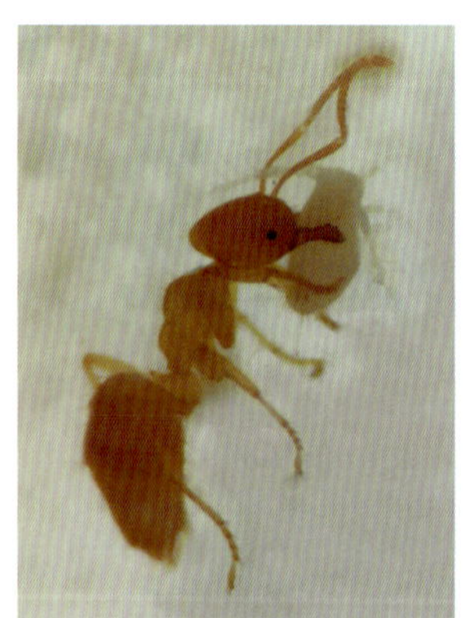

蚂蚁搬运宾蚧

十、泡粉蚧科 Putoidae
Puto mealybug

形似粉蚧泡粉蚧，三四感孔在转节。
雌虫爪基有突起，雄虫小眼十多个。

雌成虫似粉蚧，体壁柔软，触角 8~9 节，足正常，转节每侧有三四个感觉孔，爪齿存在。前、后背孔发达。体背被有各种形状的白蜡片。雄成虫头部具有 10~16 个单眼。腹部末端具有 1 对侧蜡丝。一龄若虫触角 7 节。全世界 2 属 48 种，我国 1 属 3 种。

注：关于此科的分类地位目前仍存在争议。有的学者将其作为古蚧类的一个科级单元（Williams，2012）；而有的学者将其作为新蚧类粉蚧科下的一个族级单元处理（汤祊德，1992），俄罗斯学者 Danzig & Gavrilov-Zimin（2015）仅将其作为粉蚧科绵粉蚧亚科下的一个属级单元处理。

30. 泰国泡粉蚧 *Puto thailanicus* Williams, 2004

【分类地位】泡粉蚧属 *Puto* Signoret。

【识别要点】雌成虫浅黄色，触角、口器和足颜色较深。椭圆形，长约 6mm，宽约 3.5mm。背面蜡粉较厚，且形成稍突起的块状蜡突；腹面蜡粉薄，多可见虫体颜色。周缘有蜡突；腹部 8 对蜡突，窄长，末 2 对最长且多接合在一起；胸部 3 对，横宽，尤以前胸蜡突为甚；头部 2 对，较短。

【生物学】寄生在枝条上。

【寄主】石楠。

【分布】广东。泰国。

雌成虫

第三部分

蚧总科 Coccoidea

蚧总科腹气门缺，
雌性管腺常存在。
雄虫头部无复眼，
小眼二对在背腹。

十一、粉蚧科 Pseudococcidae Mealy bugs

体被蜡粉粉蚧科，表皮柔软行动缓。
背缘常具刺孔群，螺旋三孔定乾坤。

俗称粉蚧。雌成虫体通常卵圆形，体壁柔软，常有明显分节。触角5~9节，端节较前节长且大。常有足，可短距离爬行。背面通常有2对唇形构造，称作背孔。体表常被有蜡粉，有时体缘有蜡突。雄成虫常紫红色。触角10节，每节细长；单眼4或6个。腹部末端两侧体缘有1~2对白蜡丝。交配器短，基部粗壮。粉蚧田间识别较难，可资利用的主要特征有：①体缘蜡突的形状、对数及长度。②体背蜡丝及蜡突的有无。③体形：椭圆形、卵圆形、长条形等。④体色及斑纹：体色主要有黄白色、粉红色、灰色等，有时体背还有黑色条纹。⑤背孔的对数及发达程度。⑥产卵方式。⑦寄主植物及寄生部位可以起到辅助识别作用。但多数粉蚧食谱广，也可在植物多部位生活。

31. 九龙安粉蚧 *Antonina graminis* (Maskell, 1897)

【别名】草竹粉蚧、印竹粉蚧、禾白尾粉蚧。

【英文名称】Rhodes grass scale。

【分类地位】粉蚧亚科 Pseudococcinae，安粉蚧属 *Antonina* Signoret。

【识别要点】雌成虫体卵圆形，长约3.0 mm，背、腹鼓起，暗紫褐色。触角很短，足全缺。包被于白色卵形蜡囊中，随时间变化，蜡囊逐渐变为黄色。其后端有1个圆裂口，从中伸出1根长蜡管，排泄蜜露。

【生物学】寄生在草茎叶腋下或根颈部。在福建、海南严重为害狗牙根，为草坪的一种重要害虫。

【寄主】狗牙根、马唐、荩草、甘蔗、竹等4科63属近百种植物。

【分布】河南、湖北、广东、广西、福建、海南、台湾、香港、西藏等地。日本，朝鲜，印度，越南，泰国，马来西亚，科威特，沙特阿拉伯，意大利，澳大利亚，美国，非洲。

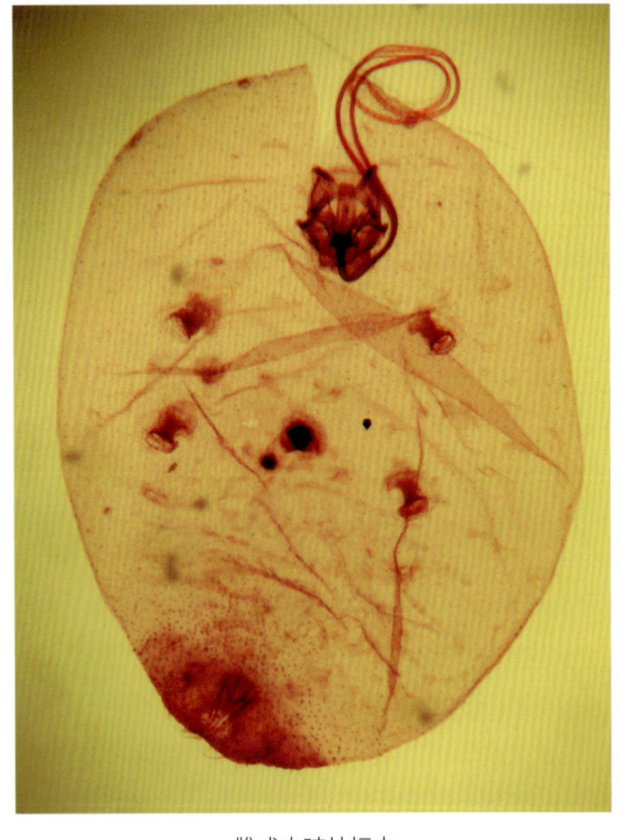

雌成虫玻片标本

雌成虫蜡囊

为害状，寄生在根颈部

为害状，寄生在叶腋下

32. 米勒安粉蚧 *Antonina milleri* Williams, 2004

【分类地位】粉蚧亚科 Pseudococcinae，安粉蚧属 *Antonina* Signoret。

【识别要点】雌成虫体卵圆形，长约 2.5mm，暗红色至深褐色。触角很短，2 节。足全缺，包被于一白色蜡囊中，并从尾端伸出 1 根白色长蜡管，排泄蜜露。

【生物学】寄生在分枝处嫩枝节周围及叶鞘下叶腋间。还寄生在竹叶腋下、节间及气生根上，也常在竹枝上蚂蚁搭建的泥房子内。

【寄主】早园竹、箭竹、湘妃竹、水竹、毛竹、紫竹、小箬竹。

【分布】北京、浙江、江苏、安徽、广西、贵州、广东、云南。

雌成虫

雌成虫蜡囊

雄成虫

蚂蚁巢

蚂蚁巢内的雌成虫

为害状

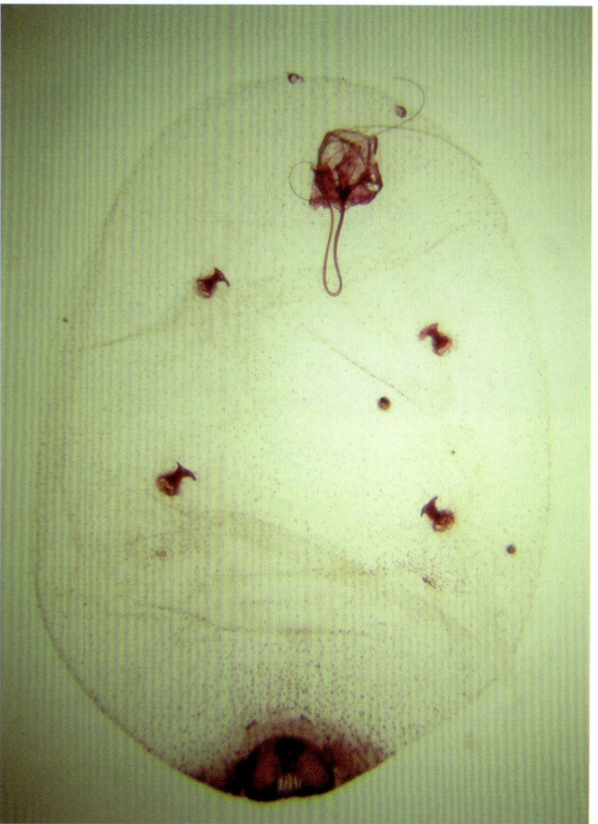
雌成虫玻片标本

33. 拟白尾安粉蚧 *Antonina nakaharai* Williams & Miller, 2002

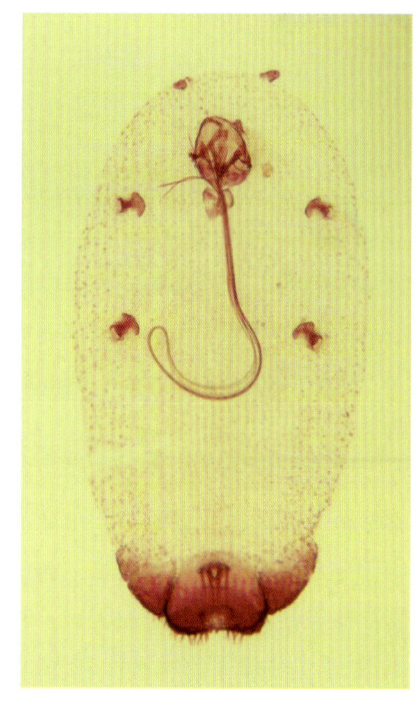
雌成虫玻片标本

【分类地位】粉蚧亚科 Pseudococcinae，安粉蚧属 *Antonina* Signoret。

【识别要点】雌成虫体椭圆形至长椭圆形，红色至暗红色，体长 1.3~4.1mm。触角很短，2 节。足全缺，包被于一白色蜡囊中，并从尾端伸出 1 根白色长蜡管，排泄蜜露。

【生物学】寄生在小枝叶腋下。

【寄主】箬竹、苦竹等竹类植物。

【分布】北京、江苏、安徽、湖北、浙江。日本，韩国，俄罗斯，阿塞拜疆，格鲁吉亚，美国。

注：该种我国以前多误鉴为白尾安粉蚧 *Antonina crawi*。

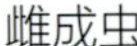
雌成虫

为害状

34. 南岭安粉蚧 *Antonina nanlingensis* Wu & Lu, 2012

【分类地位】粉蚧亚科 Pseudococcinae，安粉蚧属 *Antonina* Signoret。

【识别要点】雌成虫体卵圆形至椭圆形，长 2.8~3.5mm，棕色至红棕色，老熟雌成虫身体硬化鼓起，近黑褐色，从肛门伸出白色蜡管。

【生物学】寄生在竹叶鞘下。

【寄主】箬叶竹。

【分布】广东。

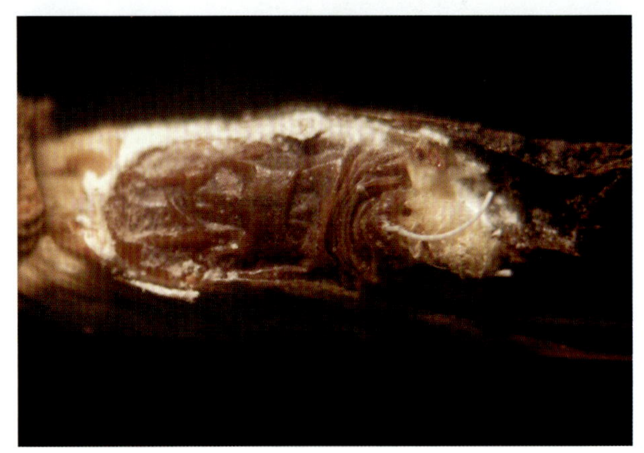

雌成虫

35. 巨竹安粉蚧 *Antonina pretiosa* Ferris, 1953

【别名】盾竹粉蚧、美洲白尾粉蚧。

【英文名称】Noxious bamboo mealybug。

【分类地位】粉蚧亚科 Pseudococcinae，安粉蚧属 *Antonina* Signoret。

【识别要点】雌成虫体卵圆形，长约 3.2mm，暗红色至深褐色、紫红色，包被于一卵形白色蜡囊中，尾端伸出 1 根白色蜡管。触角短小，足全缺。腹部边缘硬化使分节更加明显，形如盾蚧的臀板。

【生物学】寄生在竹节苞叶下。

【寄主】刺竹、刚竹、箬竹、青篱竹。

【分布】北京、福建、广东、广西、湖南、江西、内蒙古、山西、四川、西藏、云南、浙江、台湾、香港。马来西亚，古巴，美国。

为害状

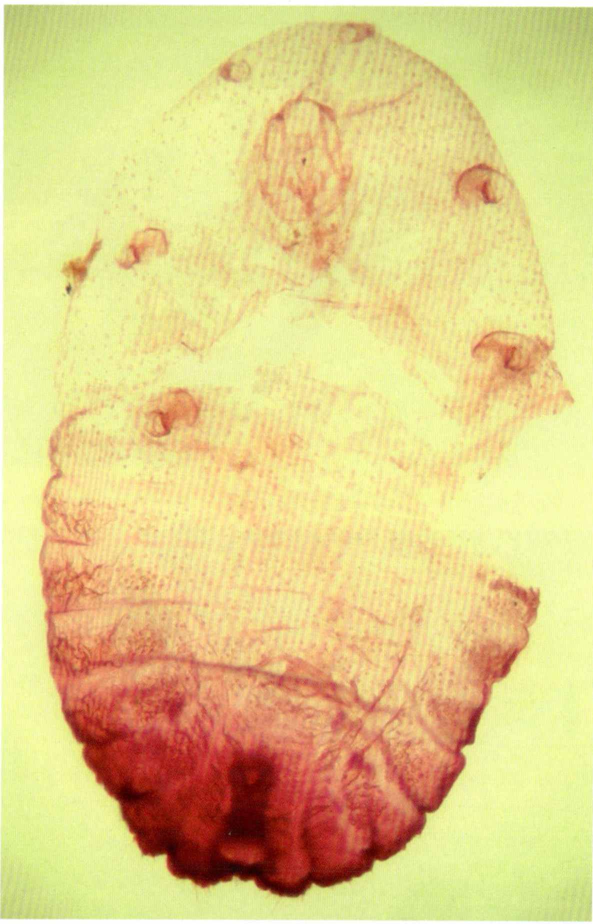
雌成虫玻片标本

36. 广布安粉蚧 *Antonina socialis* Newstead, 1901

【分类地位】粉蚧亚科 Pseudococcinae，安粉蚧属 *Antonina* Signoret。

【识别要点】雌成虫体椭圆形，长约 2.7mm，暗紫色，腹末 2 节体缘有许多锥刺。包被于 1 白色卵形蜡囊中，蜡囊尾端伸出 1 根白色蜡管。

【生物学】寄生在竹分枝处的叶腋下。

【寄主】毛竹、水竹、黄秆竹、紫竹、箬竹、刚竹等。

【分布】北京、上海、河南、浙江、安徽、湖北、广西、海南、台湾。

注：此种我国以前多以白尾安粉蚧 *Antonina crawi* 记述。

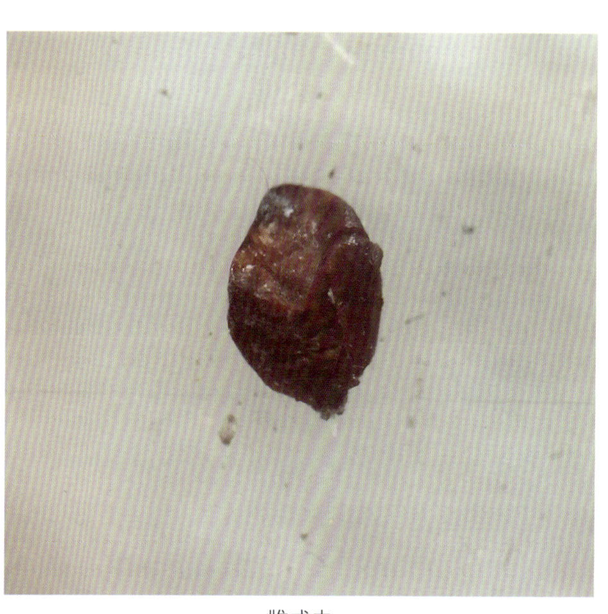
雌成虫

雌成虫及蜡囊

为害状

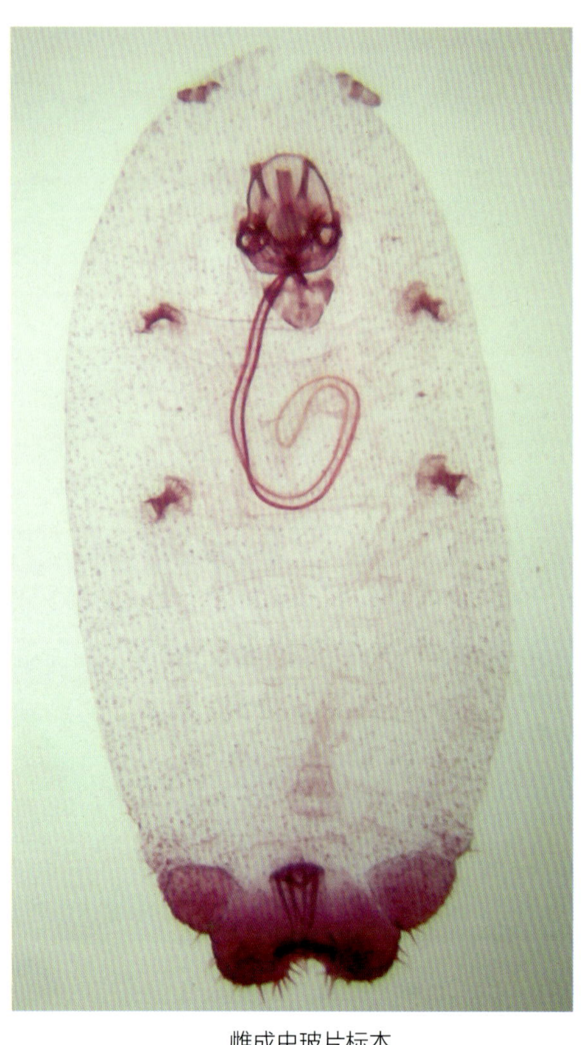

雌成虫玻片标本

37. 远东安粉蚧 ***Antonina tesquorum*** **Danzig, 1971**

【别名】远东竹粉蚧。

【分类地位】粉蚧亚科 Pseudococcinae，安粉蚧属 *Antonina* Signoret。

【识别要点】雌成虫卵圆形，体长 2.9~3.4mm，宽 2.1~2.9mm，暗褐色，老熟个体体背和腹面前、后端硬化，其他体面膜质。触角 2 节，短，足全缺。蜡囊细密，污白色，带有沙粒。

【生物学】成群聚集寄生在根茎部。

【寄主】隐子草、冰草、针茅。

【分布】河南、山西 、内蒙古、宁夏、吉林。俄罗斯远东，蒙古。

雌成虫蜡囊

为害状

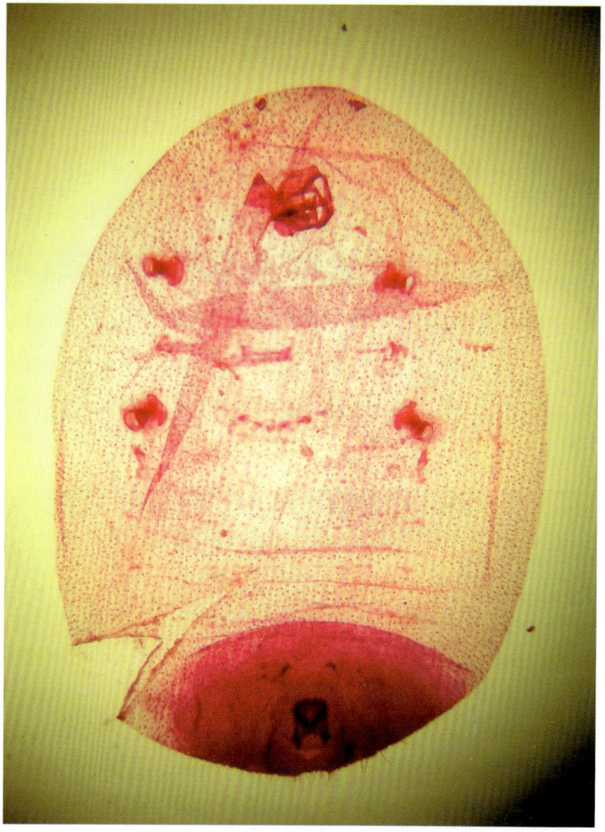
雌成虫玻片标本

38. 高桥平粉蚧 ***Balanococcus takahashi*** **McKenzie, 1964**

【分类地位】粉蚧亚科 Pseudococcinae，平粉蚧属 *Balanococcus* Williams。

【识别要点】雌成虫体椭圆形，长 1.6~3.0mm，宽 1.0~1.7mm，浅红色。背面几乎不被蜡粉。

【生物学】寄生在茎基部叶鞘下。

【寄主】结缕草。

【分布】北京（温室）。日本，韩国。

雌成虫

39. 古北雪粉蚧 *Ceroputo pilosellae* Sulc（1898）

【异名】*Puto jarudensis* Tang，1992。

【分类地位】绵粉蚧亚科 Phenacoccinae，雪粉蚧属 *Ceroputo* Sulc。

【识别要点】雌成虫体长椭圆形，长 1.4~3.05mm，宽 0.8~2.5mm，淡黄色 。触角 9 节。眼发达，锥状，位于触角后之体缘。背孔 2 对。体背被有厚蜡粉，在中线上具 4 个蜡块，亚缘区每节每侧 1 小块，且向后渐小；缘区有 18 对长蜡突，末对稍长。

【生物学】寄生在叶片背面。

【寄主】鬼针草、莎草、矢车菊、鸭茅、草莓、猪殃殃、老鹳草、山柳菊、车前草、蒲公英、百里香、全叶马兰和飞蓬。

【分布】山西、河北、内蒙古、宁夏、湖北。日本，朝鲜，韩国，蒙古，中亚，欧洲。

雌成虫背面观

为害状（1）

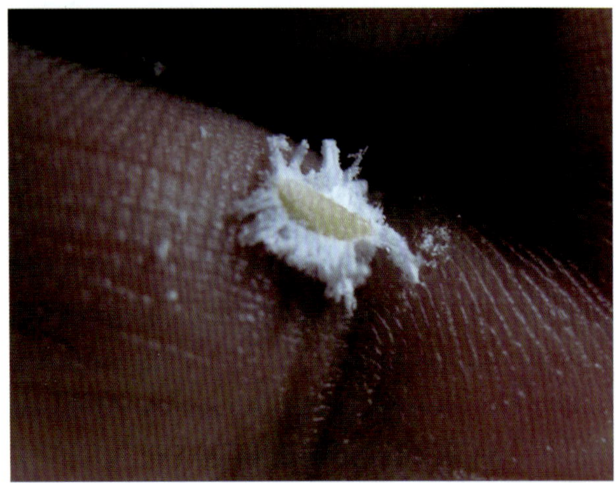

雌成虫腹面观

为害状（2）

40. 刺竹鞘粉蚧 *Chaetococcus bambusae* (Maskell, 1893)

【别名】鞘竹粉蚧、扁粉蚧。

【英文名称】Giant bamboo scale。

【分类地位】粉蚧亚科 Pseudococcinae，鞘粉蚧属 *Chaetococcus* Maskell。

【识别要点】雌成虫体陀螺形，前体部宽圆，腹部末端呈盾牌状。虫体两侧常不对称，黄色至黄褐色，围有一圈白色蜡泌物。个体大，体长可达6mm。触角退化。足缺。表皮常体缘和尾端硬化，老熟时全体硬化，体色变为红褐色，被有白蜡状分泌物，肛门常有白色短蜡管伸出。

【生物学】寄生在叶鞘下之茎上。

【寄主】刺竹、青竹、大节竹等。

【分布】北京（温室）、福建、广东、广西、海南、湖南、湖北、江苏、江西、西藏、云南、浙江、香港、台湾。日本，印度，斯里兰卡，美国夏威夷，澳大利亚，非洲。

注：本属我国还有1种吐伦鞘粉蚧 *Chaetococcus turanicus* Borchsenius，主要寄生在芦苇叶鞘下。与本种的主要区别：吐伦鞘粉蚧肛环位于体末表面；多格腺沿体缘分布。而本种肛环位于近体末端短肛筒内；多格腺仅分布在腹末2节腹板上。

雌成虫

为害状

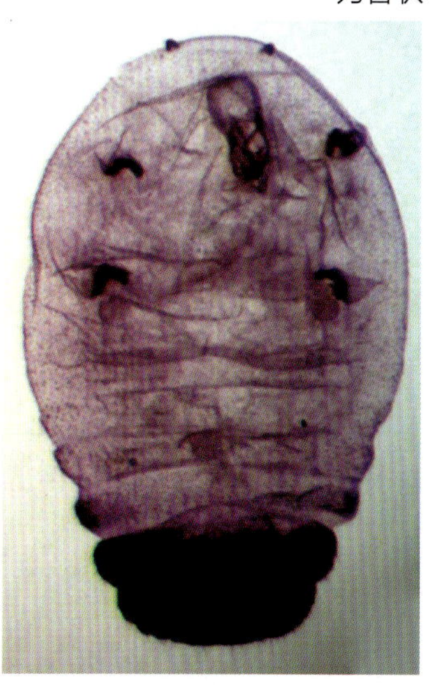

雌成虫玻片标本

41. 南方疣粉蚧 *Coccidohystrix insolitus* (Green, 1908)

【分类地位】绵粉蚧亚科 Phenacoccinae，疣粉蚧属 *Coccidohystrix* Lindinger。

【识别要点】雌成虫体椭圆形，长约 2.0mm，淡黄色，背面被有蜡粉，但背中较薄，可见虫体，边缘有许多玻璃状蜡丝。

【生物学】寄生在叶片上。

【寄主】假地豆。

【分布】广东。印度，斯里兰卡。

雌成虫

42. 西欧盘粉蚧 *Coccura comari* (Kunow, 1880)

【别名】莓粒粉蚧。

【英文名称】Kunow's mealybug。

【分类地位】绵粉蚧亚科 Phenacoccinae，盘粉蚧属 *Coccura* Šulc。

【识别要点】雌成虫体宽椭圆形，长可达 4.0mm，宽约 3.2mm。红褐色，体背被少量白蜡粉，腹面躺在盘形毡状卵囊上。

【生物学】寄生在近根部的茎干上。

【寄主】悬钩子、地榆、沼委陵菜等蔷薇科植物。

【分布】河北、山东、甘肃、宁夏、辽宁。韩国，苏联，欧洲西部。

雌成虫及卵囊

43. 远东盘粉蚧 *Coccura convexa* Borchsenius, 1949

【别名】蒿粒粉蚧。

【分类地位】绵粉蚧亚科 Phenacoccinae，盘粉蚧属 *Coccura* Šulc。

【识别要点】雌成虫体半球形，长约 4.0mm，宽约 3.0mm， 早期橘黄色，后变为红褐色。体背光裸，没有蜡粉，腹面躺在盘形毡状卵囊上。

【生物学】寄生在植物根部。

【寄主】蒿类植物、绣线菊、锦鸡儿。

【分布】北京、山西、内蒙古、宁夏、吉林。朝鲜，蒙古，俄罗斯远东。

早期雌成虫

后期雌成虫及卵囊

中期雌成虫及卵囊

44. 日本盘粉蚧 *Coccura suwakoensis* (Kuwana & Toyoda, 1915)

【异名】*Coccura ussuriensis* Borchsenius；*Phenacoccus prodigialis* Ferris。

【别名】黑龙江粒粉蚧、乌苏里垫粉蚧。

【分类地位】绵粉蚧亚科 Phenacoccinae，盘粉蚧属 *Coccura* Šulc。

【识别要点】雌成虫体近圆形，长 5.0mm 左右，红色，体背被有蜡粉，腹面躺在盘形毡状卵囊上。蜡粉早期白色，后部分变黄色。腹脐 3 个。

【生物学】寄生在植物枝条上。

【寄主】苹果、沙果、稠李、丁香、水曲柳、山楂、忍冬、白蜡等 6 科 16 属乔、灌木植物，是我国北方果树较重要的害虫之一。

【分布】北京、黑龙江、吉林、辽宁、河北、山东、山西、河南、内蒙古、甘肃、青海、新疆。日本，朝鲜，俄罗斯远东。

注：在我国介壳虫中，具有同样产卵方式，形成盘状卵囊的类群有红蚧科 Kermesidae 巢红蚧属 *Nidularia* 和毡蚧科 Eriococcidae 裸毡蚧属 *Gossyparia*，区别在于盘粉蚧触角 9 节。

雌成虫及卵囊

卵囊里的卵粒

若虫为害叶片

雌成虫为害枝条

45. 松树皑粉蚧 *Crisicoccus pini* (Kuwana, 1902)

【别名】松白粉蚧。

【分类地位】粉蚧亚科 Pseudococcinae，皑粉蚧属 *Crisicoccus* Ferris。

【识别要点】雌成虫体椭圆形、梨形，浅红色、红褐色，被有薄蜡粉，腹部体缘有 5~6 对短蜡突，向后渐长。触角 8 节。

【生物学】寄生在嫩枝、球果上等。

【寄主】油松、马尾松等。

【分布】北京、河北、山东、河南、江西、湖南、湖北、浙江、辽宁、陕西。日本，朝鲜，韩国，意大利，俄罗斯，法国，美国。

为害状

雌成虫

46. 枣树皑粉蚧 *Crisicoccus ziziphus* Zhang & Wu, 2016

【分类地位】粉蚧亚科 Pseudococcinae，皑粉蚧属 *Crisicoccus* Ferris。

【识别要点】雌成虫体椭圆形，长 1.4~2.9mm，暗红色，背面稍隆起，被有白蜡粉。蜡粉较薄，可透见体色及腹部分节。侧缘有 7 对粗短蜡突，末对稍长。触角 8 节。

【生物学】寄生在嫩枝和叶片上，多见于小枝基部。7 月下旬至 8 月上旬可见成虫。

【寄主】枣。

【分布】北京、河北、河南。

雌成虫

雌成虫及若虫

47. 甘蔗灰粉蚧 *Dysmicoccus boninsis* (Kuwana, 1909)

【别名】蔗洁粉蚧、甘蔗嫡粉蚧、甘蔗节粉蚧。

【英文名称】Gray sugarcane mealybug。

【分类地位】粉蚧亚科 Pseudococcinae，灰粉蚧属 *Dysmicoccus* Ferris。

【识别要点】雌成虫体长椭圆形，体长 2.5~4.0mm，灰红色。足黄褐色，被有白色蜡粉。腹部体缘有 4~6 对短蜡突，末对较长且粗。

【生物学】寄生在叶鞘下茎上。为甘蔗的重要害虫之一。

【寄主】甘蔗、玉米、水稻等。

【分布】福建、台湾、广东、广西、江西、云南、四川。日本，美国，巴西，巴拿马，阿根廷。

雌成虫及为害状

48. 菠萝灰粉蚧 *Dysmicoccus brevipes* (Cockerell, 1893)

【别名】菠萝洁粉蚧、菠萝粉蚧、菠萝嫡粉蚧。

【英文名称】Pineapple mealybug。

【分类地位】粉蚧亚科 Pseudococcinae，灰粉蚧属 *Dysmicoccus* Ferris。

【识别要点】雌成虫体卵圆形，长 2.0~3.0mm，粉红色至橘红色。足黄褐色。外被一层白色薄蜡粉，周缘有 17 对侧蜡突，末对最长，可达体长的 1/3~1/2。

【生物学】寄生在植物的各部位。

【寄主】菠萝、柑橘、香蕉、木槿、桑、咖啡、番荔枝等。

【分布】浙江、福建、湖南、湖北、台湾、广东、广西、江西、四川、云南、贵州。亚洲东南部，非洲南部，欧洲，美洲，大洋洲。

雌成虫

49. 水麻灰粉蚧 *Dysmicoccus debregeasiae* (Green, 1922)

【异名】*Pseudococcus debregeasiae*。

【别名】水麻粉蚧。

【分类地位】粉蚧亚科 Pseudococcinae，灰粉蚧属 *Dysmicoccus* Ferris。

【识别要点】雌成虫体椭圆形，长 2.0~3.2mm，被有白蜡粉，但每个节间亚中线上缺蜡粉或有薄蜡粉，明显可见黑体色。周缘有 17 对白色蜡突，末对粗长，可达体长的 1/4~1/3，末前对约为末对长的

1/2，其他对则短。

【生物学】寄生在叶片和嫩枝上。

【寄主】高山榕、水麻。

【分布】云南。印度，斯里兰卡。

叶片上的雌成虫

枝条上的雌成虫

50. 新菠萝灰粉蚧 *Dysmicoccus neobrevipes* Beardsley, 1959

【英文名称】Annona mealybug; Gray pineapple mealybug。

【分类地位】粉蚧亚科 Pseudococcinae，灰粉蚧属 *Dysmicoccus* Ferris。

【识别要点】雌成虫体卵圆形，灰红色。足黄褐色。被有一层白色蜡粉，周缘有 17 对侧蜡突，末对最长，可达体长的 1/3~1/2。

【生物学】寄生在植物的地上部位及根部。

【寄主】剑麻、菠萝、番茄、香蕉、番荔枝、柑橘、可可等。

【分布】我国于 1998 年在海南昌江首次发现，目前分布于广东、海南、台湾。菲律宾，马来西亚，美国夏威夷，南美洲，非洲，欧洲。

雌成虫

为害状

51. 紫藤灰粉蚧 *Dysmicoccus wistariae* (Green, 1923)

【别名】紫杉洁粉蚧。

【英文名称】Taxus mealybug。

【分类地位】粉蚧亚科 Pseudococcinae，灰粉蚧属 *Dysmicoccus* Ferris。

【识别要点】雌成虫体椭圆形，长约 4.0mm，粉红色至褐色，背面被有薄蜡粉，周缘有 17 对细蜡丝，末对长可达体长的 1/3。

【生物学】寄生在针叶基部。

【寄主】紫杉、柳杉、山楂、樱桃等。

【分布】辽宁。日本，朝鲜，韩国，俄罗斯远东，北美洲。

雌成虫

52. 双条拂粉蚧 *Ferrisia virgata* (Cockerell, 1893)

【别名】柑橘丝粉蚧、橘腺刺粉蚧。

【英文名称】Striped mealybug。

【分类地位】粉蚧亚科 Pseudococcinae，拂粉蚧属 *Ferrisia* Fullaway。

【识别要点】雌成虫体长椭圆形，体背中央黑色，其他体面色浅，红黄色、肉红色。足黑褐色。体背被有白蜡粉，但在亚中线有裸区，从而在胸部有 2 对黑色斑点，腹部近末端有 1 对纵向大黑斑。尾端有 1 对长蜡突，其长约为体长的 1/2。体背有玻璃状蜡丝，呈放射状。

【生物学】寄生在叶片、嫩枝和果实上。

【寄主】很多，全世界已记载 77 科 203 属，主要有台湾相思、番荔枝、龙眼、杧果、椰子、木瓜、柑橘、菠萝蜜、羊蹄甲、猴耳环等。

【分布】浙江、福建、台湾、海南、广东、广西、湖北、湖南、江西、四川、云南，以及河北、北京温室内。亚洲和美洲广布。

注：我国近年还在云南发现此属另一种：热带拂粉蚧 *Ferrisia malvastra* (McDaniel)。该种与双条拂粉蚧的主要区别在：拂状管管口硬化片小，长毛在硬化片之外。

在粉蚧科中，雌成虫虫体上有大量放射状玻璃状蜡丝的类群，在我国有拂粉蚧属 *Ferrisia*、星粉蚧属 *Heliococcus* 和品粉蚧属 *Peliococcus*。

在我国已知粉蚧中，体背覆盖蜡粉后仍显黑色斑的种类有：双条拂粉蚧 *Ferrisia virgata*、热带拂粉蚧 *Ferrisia malvastra*、扶桑绵粉蚧 *Phenacoccus solenopsis* 和水麻灰粉蚧 *Dysmicoccus debregeasiae*。

雌成虫（1）

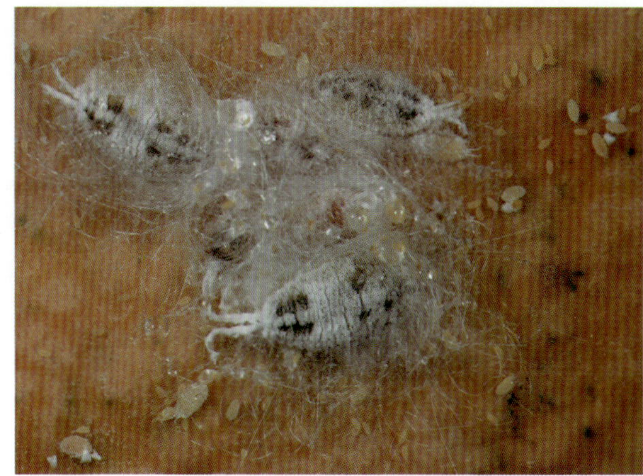
为害状（1）

雌成虫（2）

为害状（2）

53. 东亚费粉蚧 *Ferrisicoccus angustus* Ezzat & McConnell, 1956

【分类地位】粉蚧亚科 Pseudococcinae，费粉蚧属 *Ferrisicoccus* Ezzat & McConnell。

【识别要点】雌成虫体长形，两侧近平行。体长可达 3.5mm，粉红色，被有薄蜡粉，体末有 2 对蜡突，头部有 1 对蜡突，末对蜡突粗且长。触角 7 节。足发达。

【生物学】寄生在叶鞘下茎上。

【寄主】刚竹、箬竹、箬叶竹。

【分布】北京、湖北、浙江、香港。

雌成虫及若虫

54. 南亚蚁粉蚧 *Formicococcus polyspheres* Williams, 2004

【分类地位】粉蚧亚科 Pseudococcinae，蚁粉蚧属 *Formicococcus* Takahashi。

【识别要点】雌成虫体宽卵形，背面向上隆起，长 1.5~2.0mm，宽 1.1~1.4mm，暗红色，被有白色蜡粉。

【生物学】寄生在根部。

【寄主】田七、香蕉、枇杷、鹤望兰。

【分布】广西、云南。马来西亚，印度，越南，泰国，菲律宾。

雌成虫及若虫

55. 猖獗星粉蚧 *Heliococcus destructor* Borchsenius, 1949

【异名】*Heliococcus zizyphi* Borchsenius，1958。

【别名】枣树星粉蚧、枣品粉蚧、枣阳腺刺粉蚧。

【分类地位】绵粉蚧亚科 Phenacoccinae，星粉蚧属 *Heliococcus* Šulc。

【识别要点】雌成虫体椭圆形，长约 4.0mm，淡红色至暗红色。足黄褐色，体背被有白蜡粉，但亚中及亚缘有凹点或少蜡刻点组成 4 条纵线，将体背分为三部分，腹部分节痕迹明显，并有很长的玻璃状蜡丝，呈放射状分布。周缘有 18 对短细蜡突，末端较粗长。雄成虫体红褐色，腹部末端具有 2 对白蜡丝。

【生物学】寄生在叶片、枝条及主干上。

【寄主】枣、桑、胡桃、石榴。

【分布】北京、天津、河北、山西、河南、山东。中亚。

青年雌成虫（1）

青年雌成虫（2）

老熟雌成虫

卵囊

雄成虫

成、若虫为害叶片

56. 群管星粉蚧 *Heliococcus dorsiporosus* Danzig, 1971

【分类地位】绵粉蚧亚科 Phenacoccinae，星粉蚧属 *Heliococcus* Šulc。

【识别要点】雌成虫体椭圆形，长 2.1~3.1mm，宽 0.8~1.6mm，浅黄色。背面盖有白色厚蜡粉，体缘有细长蜡突和成丛的玻璃状长蜡丝。

【生物学】寄生在叶片背面。

【寄主】悬钩子。

【分布】山西。俄罗斯远东。

雌成虫（1）

雌成虫（2）

若虫为害状

57. 竹叶星粉蚧 *Heliococcus takae* (Kuwana, 1907)

【分类地位】绵粉蚧亚科 Phenacoccinae，星粉蚧属 *Heliococcus* Šulc。

【识别要点】雌成虫长椭圆形，淡黄色，盖有白蜡粉，中纵脊明显，周缘有 15~16 对细长蜡突。体上有放射状分布的玻璃状蜡丝。

【生物学】寄生在叶片上。

【寄主】毛竹、淡竹、刚竹。

【分布】浙江、安徽。日本，俄罗斯远东。

雌成虫

58. 东方壤粉蚧 *Humococcus orientalis* (Borchsenius, 1949)

【分类地位】粉蚧亚科 Pseudococcinae，壤粉蚧属 *Humococcus* Ferris。

【识别要点】雌成虫体阔椭圆形，雪白色。触角 7 节。前背孔缺，后背孔小。被有白色蜡粉。

【生物学】寄生在根部。

【寄主】蒿类植物。

【分布】宁夏、山西、内蒙古。俄罗斯，蒙古，韩国，哈萨克斯坦。

雌成虫

59. 南美枝粉蚧 *Hypogeococcus pungens* Granara de Willink, 1981

【英文名称】Harrisia cactus mealybug。

【分类地位】粉蚧亚科 Pseudococcinae，枝粉蚧属 *Hypogeococcus* Rau。

【识别要点】雌成虫青年时体椭圆形，胸部最宽，腹末宽圆形，长约 2mm，老熟时红色，覆被絮状白蜡。触角 7 节。腹脐 3 个。

【生物学】多成群聚集寄生。

【寄主】主要为仙人球、山影掌等仙人掌科植物。

【分布】北京（温室）。起源于南美洲，后传至澳大利亚、美洲、欧洲等。

注：该种是我国的外来入侵生物之一，最早于 2004 年 4 月 24 日发现于北京植物园温室仙人球上。

在我国仙人掌类植物上易与南美枝粉蚧混淆的介壳虫种类有：仙人掌毡蚧 *Eriococcus coccineus* (Cockerell) 和胭脂蚧 *Dactylopinus* spp.。仙人掌毡蚧雌成虫虫体尾部有 1 对发达的尾瓣，产卵期分泌卵囊包裹整个虫体；而另两种雌成虫虫体尾部宽圆形，尾瓣不明显；产卵期分泌蜡丝覆盖虫体。胭脂蚧体背有许多截锥状粗刺，腹面无腹脐，区别于南美枝粉蚧。

群集的雌成虫

60. 马鞍山锥粉蚧 *Idiococcus maanshaensis* Tang & Wu, 1984

【分类地位】粉蚧亚科 Pseudococcinae, 锥粉蚧属 *Idiococcus* Takahashi & Kanda。

【识别要点】雌成虫体窄长，两侧近平行，扁平，紫红色，长可达 10mm。初黄褐色，头尾两端较硬化，老熟时虫体全硬化，紫红色。体上被有一层透明薄蜡，气门口有一团白色蜡粉。触角短小，足全缺。腹部末端有倒“U”形尾裂，第二腹节腹面两侧各有 1 个漏斗状囊。光裸无蜡被，只在虫体周围有一圈白蜡。

【生物学】寄生在叶鞘下茎上。

【寄主】华东箬竹。

【分布】安徽。

雌成虫

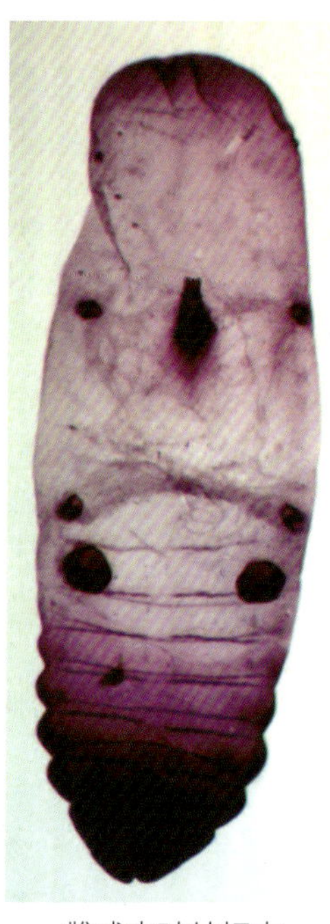

雌成虫玻片标本

61. 毛竹客粉蚧 *Kaicoccus bambusus* Wu, 2001

【分类地位】粉蚧亚科 Pseudococcinae，客粉蚧属 *Kaicoccus* Takahashi。

【识别要点】雌成虫体长形，长约 3mm。活体黄白色，被有厚厚的白蜡粉，周缘有 21 对左右粗短蜡突，末对粗且长。触角 8 节。

【生物学】寄生于竹子叶片上。

【寄主】毛竹、玉竹。

【分布】浙江、贵州。

雌成虫

为害状

62. 惠州瘿粉蚧 *Kermicus huizhouensis* Wu & Huang, 2020

【分类地位】粉蚧亚科 Pseudococcinae，瘿粉蚧属 *Kermicus* Newsteaad。

【识别要点】雌成虫早期体阔卵形，长 2.9~3.7mm，宽 2.5~3.4mm，扁平，橘黄色，腹面和缘区被有白色蜡泌物；后期，背面隆起成半球形，身体硬化，颜色加深呈红褐色。足缺。触角退化成片状。

【生物学】寄生在竹竿茎内，与宾氏细长蚁 *Tetraponera binghami* 共生。

【寄主】硬头黄竹。

【分布】广东。

早期和后期雌成虫

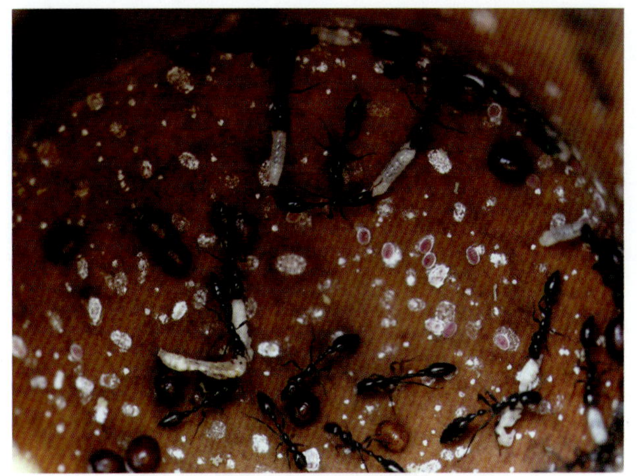

竹腔内的惠州瘿粉蚧和宾氏细长蚁

宾氏细长蚁用上颚搬运惠州瘿粉蚧一龄若虫

竹茎上蚂蚁钻进钻出的孔道

63. 南亚锡粉蚧 *Lankacoccus ornatus* (Green, 1922)

【异名】 *Phenacoccus ornatus*；*Rastrococcus ornatus*；*Puto ornatus*。

【别名】 锡兰泡粉蚧。

【分类地位】 绵粉蚧亚科 Phenacoccinae，锡粉蚧属 *Lankacoccus* Williams。

【识别要点】 雌成虫体长椭圆形，扁平，红黄色，体长 2.5~3.0mm，宽 0.75~1.25mm。体背被有白蜡粉，但体节仍分明。体缘有 13 对细长白蜡丝，从前到后渐长，均超过体长，末对可达体长的 1.5 倍。触角 9 节，足细长。雄成虫形似小蚊，体浅黄色。眼点黑色，有 1 对背单眼和 1 对腹单眼，以及 1 对侧单眼，腹部末端第 8 节侧有 1 对蜡突。

【生物学】 寄生在叶片背面。

【寄主】 扭肚藤 、清香藤 、茶树 。

【分布】 广东、香港。印度，斯里兰卡，马来西亚。

为害状

雌成虫玻片标本

雌成虫

雄成虫

64. 木槿曼粉蚧 *Maconellicoccus hirsutus* (Green, 1908)

【别名】桑绵粉蚧。

【英文名称】Pink hibiscus mealybug。

【分类地位】粉蚧亚科 Pseudococcinae，曼粉蚧属 *Maconellicoccus* Ezzat。

【识别要点】雌成虫体椭圆形，红色（在 70% 酒精里变为黑色），足浅黄色，被有薄蜡粉，背中线蜡粉较多。腹部末端有 2~3 对不明显的侧蜡突。触角 9 节。

【生物学】寄生在植物地上部分。

【寄主】大麻、桑、合欢、木槿、葡萄、柑橘、榕树、番荔枝等。

【分布】广西、福建、台湾。日本，印度，斯里兰卡，菲律宾，东非，大洋洲。

雌成虫

为害合欢枝条

雄成虫

65. 台湾芒粉蚧 *Miscanthicoccus miscanthi* (Takahashi, 1928)

【异名】*Pseudantonina ostiolata* Borchsenius, 1958。

【分类地位】粉蚧亚科 Pseudococcinae，芒粉蚧属 *Miscanthicoccus* Takahashi。

【识别要点】雌成虫体长椭圆形，长可达 4.0mm，背部略微突起。黄褐色或红褐色，体缘有白色蜡粉。触角 6 节。相对于身体，触角和足相对较小。后足基节膨大。周围骨化从而使气门呈卵形。腹脐 4~5 个。

【生物学】寄生在叶鞘下茎秆上。

【寄主】禾本科芒草属、甘蔗、芦苇和竹类植物。

【分布】湖北、浙江、贵州、四川、台湾。

雌成虫

66. 芦苇新粉蚧 *Neotrionymus monstatus* Borchsenius, 1948

【分类地位】粉蚧亚科 Pseudococcinae，新粉蚧属 *Neotrionymus* Borchsenius。

【识别要点】雌成虫体椭圆形至长形，长 1.40~5.8mm，宽 0.78~2.8mm。虫体粉红色至红色，光裸或被有极少量白蜡粉；周围有白色蜡粉。触角 7 节。足相对较小，但分节正常。后足基节明显大于前、中足基节。

【生物学】寄生在芦苇叶鞘下茎上。在我国可能 1 年发生多代，以卵越冬。在山西太谷，成虫见于 6 月。在北京，雌、雄成虫见于 10 月。叶鞘下虫量大、为害严重时，在叶鞘外可见黑色斑点。

【寄主】芦苇。

【分布】北京、山西、内蒙古、宁夏、新疆。中亚，俄罗斯远东。

注：在我国，芦苇叶鞘下为害的介壳虫主要有芦苇日仁蚧 *Nipponaclerda biwakoensis*、吐伦鞘粉蚧 *Chaetococcus turanicus* Borchsenius 和芦苇新粉蚧 *Neotrionymus monstatus* 3 种。后种与前两种的主要区别在：体形偏长且足存在。

雌成虫及若虫

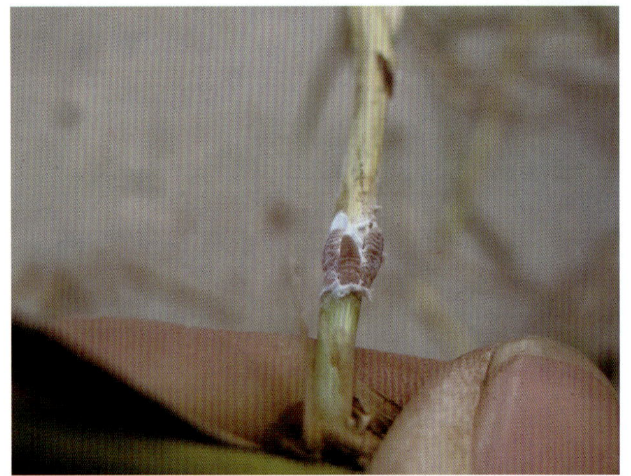
寄生部位

雄成虫

为害状

67. 竹巢粉蚧 *Nesticoccus sinensis* Tang, 1977

【别名】中国巢粉蚧、竹灰球粉蚧。

【分类地位】粉蚧亚科 Pseudococcinae，巢粉蚧属 *Nesticoccus* Tang。

【识别要点】雌成虫体梨形，前端略突，后端宽圆，边缘常硬化，暗红色。虫体长 3mm 左右。触角瘤状，2 节。足和前、后背孔均缺。刺孔群全无。腹脐 1 个，近正方形，两侧稍凹。外包被一石灰质带杂质的硬蜡壳，形如鸟巢。

【生物学】寄生在竹枝腋叶鞘下。在南京 1 年发生 1 代，以受精雌成虫在当年新梢内越夏、越冬。两性生殖。为我国观赏竹类的重要害虫之一。

【寄主】毛竹、紫竹、碧玉间黄金竹、金镶玉竹、淡竹、沙竹、黄皮刚竹、红壳竹等。

【分布】北京、山东、陕西、江苏、浙江、安徽、上海、福建。

雌成虫

为害状

68. 柑橘堆粉蚧 *Nipaecoccus viridis* (Newstead, 1894)

【异名】*Nipaecoccus vastator* (Maskell)。

【别名】橘鳞粉蚧、堆蜡粉蚧。

【英文名称】Lebbeck mealybug; spherical mealybug。

【分类地位】粉蚧亚科 Pseudococcinae，堆粉蚧属 *Nipaecoccus* Sulc。

【识别要点】体近球形，背腹略扁平，紫色或蓝绿色（在 70% 酒精里变为黑色），被白色至黄色的绵状蜡泌物包围。触角短小，7 节。

【生物学】寄生在枝条、气生根和果实上。

【寄主】柑橘、茶树、榕树、柚、橙、木槿、冬青、黄皮。

【分布】北京、浙江、福建、台湾、湖南、湖北、广东、广西、四川、云南、贵州。日本，美国夏威夷，墨西哥，亚洲东南部。

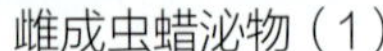
雌成虫蜡泌物（1）

雌成虫蜡泌物（2）

69. 湿地松粉蚧 *Oracella acuta* (Lobdell, 1930)

【别名】火炬松粉蚧。

【英文名称】Loblolly pine mealybug。

【分类地位】粉蚧亚科 Pseudococcinae，松粉蚧属 *Oracella* Ferris。

【识别要点】雌成虫体倒梨形，长 1.5~1.9mm，红色，被薄蜡粉。触角 7 节。

【生物学】寄生在嫩枝、松针基部为害。在广东 1 年发生 4~5 代，以若虫在老针叶叶鞘内越冬。

【寄主】湿地松、火炬松、马尾松、萌芽松、常叶松等。

【分布】广东、广西、福建、湖南、江西。

注：此种是我国一种重要外来入侵害虫。1988 年随湿地松无性繁殖材料传入广东台山，1990 年 6 月在台山被首次发现。

雌成虫

为害状

70. 单竹椰粉蚧 *Palmicultor lumpurensis* (Takahashi, 1951)

【异名】*Trionymus lumpurensis* Takahashi; *Palmicultor bambusum* Tang。

【分类地位】粉蚧亚科 Pseudococcinae，椰粉蚧属 *Palmicutor* Williams。

【识别要点】雌成虫体椭圆形，长 2.58~3.68mm，宽 1.56~2.00mm，红黄色。触角 7 节或 8 节。

【生物学】寄生于寄主叶鞘下。在湖北省武汉市造成慈孝竹新芽死亡，被视为一种害虫。

【寄主】青篱竹、簕竹、粉单竹、慈孝竹、佛肚竹、碧玉竹、黄金竹、方竹、单竹、淡竹、毛竹、矢竹。

【分布】北京、广东、广西、海南、湖北、香港、江苏、上海、四川、浙江。韩国，印度尼西亚，菲律宾，马来西亚，越南，法国，葡萄牙，墨西哥，美国，澳大利亚。

雌成虫

为害状

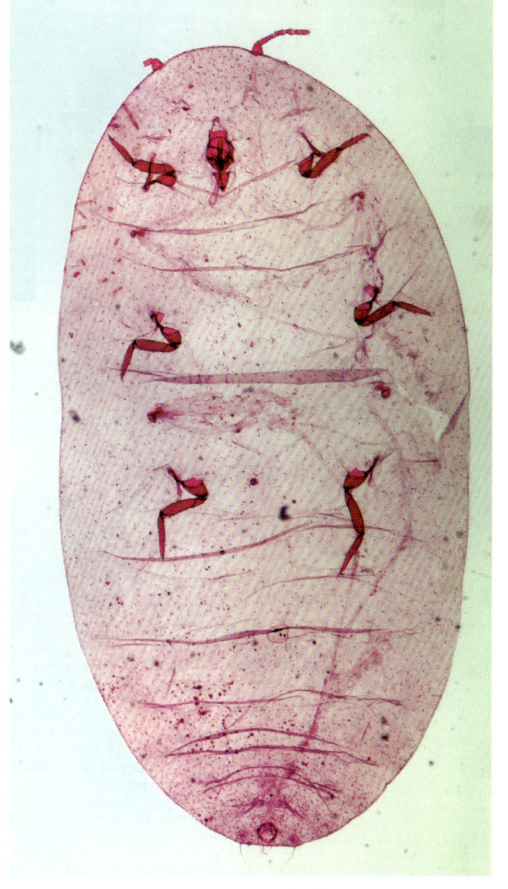

雌成虫玻片标本

71. 木瓜秀粉蚧 *Paracoccus marginatus* Williams and Granara de Willink, 1992

【英文名称】Papaya mealybug。

【分类地位】粉蚧亚科 Pseudococcinae，秀粉蚧属 *Paracoccus* Ezzat & McConnell。

【识别要点】雌成虫体椭圆形，黄色（在70%酒精里变为黑色），足浅黄色，被有薄蜡粉。周缘有15~17对侧蜡突，前面的蜡突短，末对蜡突长。

【生物学】寄生在叶片、嫩枝、果实上。

【寄主】木瓜、木薯、麻风树、扶桑、悬铃花、琴叶珊瑚、佛肚树、发财树、鬼针草、铁苋菜等34科55属植物。

【分布】原产中美洲，现已传到全球五大洲40多个国家和地区。在我国2011年首先发现于台湾，2013年在云南西双版纳发现。目前海南、台湾、广东、广西、云南均有分布。

雌、雄成虫

为害状（1）

为害状（2）

72. 贵州拟囊粉蚧 *Paraporisaccus guizhouensis* Lu & Wu, 2011

【分类地位】粉蚧亚科 Pseudococcinae，拟囊粉蚧属 *Paraporisaccus* Lu & Wu。

【识别要点】雌成虫体红褐色，卵圆形至长椭圆形，体长可达3.1mm。腹末呈锯齿状，腹部分节明显，第4、8腹节节间内缩，从而显得第5~7节两侧向外突出，突出部分顶端有1根粗锥状刺，刺基部周围有1小片硬化片。尾瓣发达，向后伸出，在两尾瓣间形成一短尾裂。每一尾瓣由于内侧向后向内突出，从而在尾瓣末端形成 1 个浅凹。腹面分泌有白色蜡质垫于虫体下。表皮的硬化程度随雌成虫的发育而加强，先是腹末硬化，至老熟时全体硬化。每一尾瓣有 2 根粗锥刺，位于浅凹外侧的突起上，基部有 1 个小硬化片。触角 2 节或 3 节，呈肘状向后弯曲。前足、中足退化。多数标本前足、中足退化为瘤状，1 节，少数标本退化为 2~4 节；甚至有个别标本可见细小的中足，但分节并不明显。

【生物学】寄生在叶鞘下茎上。

【寄主】玉山竹。

【分布】贵州。

注：该种与九华囊粉蚧 *Porisaccus jiuhuaensis*（Wu，1984）十分相似，但可从前足、中足是否存在痕迹相区别。另外，两种腹末几节侧突的情形也有差别。贵州拟囊粉蚧节中部最突出，而九华囊粉蚧节前侧角突出最明显。

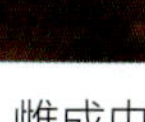

雌成虫

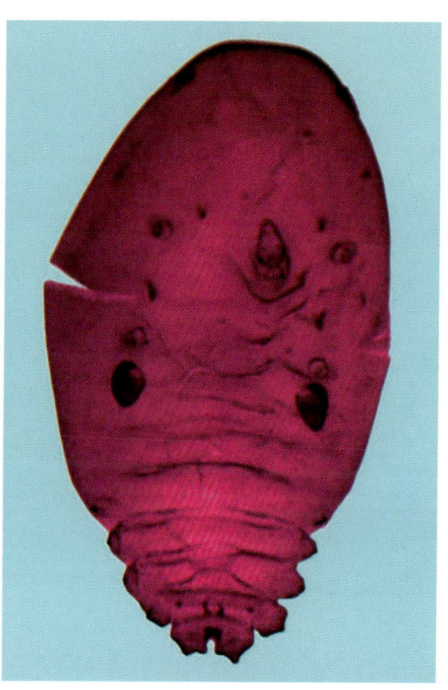

青年雌成虫玻片标本

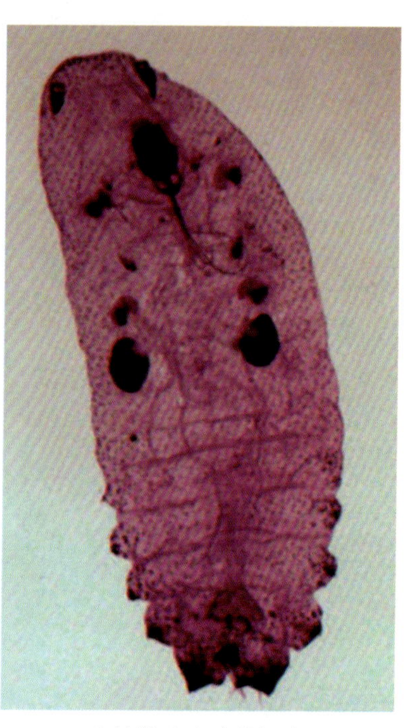

老熟雌成虫玻片标本

73. 山西品粉蚧 *Peliococcus shanxiensis* Wu, 1999

【分类地位】绵粉蚧亚科 Phenacoccinae，品粉蚧属 *Peliococcus* Borchsenius。

【识别要点】雌成虫体椭圆形，体长 2~3mm，浅黄绿色或粉红色，背中线色浅，亚中线色暗，背面覆盖白色薄蜡粉，常显露体节，此外，还有小蜡簇呈纵横列分布。周缘有白色细棒状蜡突 18 对。后期体上有许多玻璃状蜡丝，呈放射状分布。

【生物学】寄生在叶片、嫩枝上。

【寄主】金叶女贞、紫叶小檗、丁香。

【分布】北京、河北、山西、河南、湖北。

青年雌成虫

雌成虫及卵囊

为害状

孕卵期雌成虫

74. 槭树绵粉蚧 *Phenacoccus aceris* (Signoret, 1875)

【异名】*Pseudococcus mespili* Signoret, 1875；*Phenacoccus prunicola* Borchsenius, 1962。

【别名】绵粉蚧、梅绵粉蚧、栎树绵粉蚧。

【英文名称】Polyphagous tree mealybug。

【分类地位】绵粉蚧亚科 Phenacoccinae，绵粉蚧属 *Phenacoccus* Cockerell。

【识别要点】雌成虫体椭圆形，长 4.5~6.0mm，腹面平，背面略隆起，青黄色，每节亚中线、亚缘线上有凹陷、黑点，胸部者大、深，背面被有白色蜡粉。周缘有18对白色蜡突，向体后渐长。卵囊白色，扁圆柱形，有1条中纵脊，棉絮状，长可达体长的2倍以上；头部有2条蜡突。

【生物学】寄生在叶片、枝条上。

【寄主】白蜡、柿、榆树、梅、苹果、栎、杏等。

【分布】北京、山西、河南、河北、天津、辽宁、浙江。欧洲，亚洲北部，美国。

注：近年来在北京、河北等地严重为害白蜡的白蜡绵粉蚧 *Phenacoccus fraxinus* Tang，在山西、河南等地为害柿树的柿长绵粉蚧 *Phenacoccus pergandei* 形态和生物学与本种相近，是否同种，需进一步研究。

雌成虫（1）

刚分泌卵囊的雌成虫

雌成虫（2）

叶片上的卵囊

雌成虫在枝条上为害

枝条上的卵囊

若虫为害叶片

75. 马缨丹绵粉蚧 *Phenacoccus parvus* Morrison, 1924

【英文名称】Morrison's small mealybug; Lantana mealybug。

【分类地位】绵粉蚧亚科 Phenacoccinae，绵粉蚧属 *Phenacoccus* Cockerell。

【识别要点】雌成虫椭圆形，浅黄色，足黄色，被有薄蜡粉，周缘有 18 对侧蜡丝，大致等长，约为体长的 1/8。卵囊在腹后，长柱形，长可达体长的 3 倍。

【生物学】寄生在叶片、嫩茎和根部。

【寄主】马缨丹、白纸扇、辣椒、茄子等 27 科 45 属植物。

【分布】云南、海南、台湾、香港。热带广布。

注：该种原产于南美洲，在我国最早于 1990 年记录于香港，1990 年在台湾发现，2008 年发现于云南景洪。

雌成虫为害状

76. 美地绵粉蚧 *Phenacoccus madeirensis* Green, 1923

【英文名称】Madeira mealybug。

【分类地位】绵粉蚧亚科 Phenacoccinae，绵粉蚧属 *Phenacoccus* Cockerell。

【识别要点】雌成虫体椭圆形，长约 3.0mm，灰白色带绿色，被有白蜡粉，每体节背中线、亚缘线有蜡簇呈纵列分布。雄成虫体红褐色，腹部末端有 2 对白蜡丝。

【生物学】寄生在嫩枝和叶片上。

【寄主】木薯、马铃薯、扶桑、菠萝、杧果、番茄、榕树等 160 多种植物。

【分布】海南、广东、福建、台湾。亚洲、欧洲、非洲、中南美洲。

注：该种在我国最早于 2006 年记录于台湾，2009 年在海南三亚被发现。

雌成虫

雄成虫

77. 石蒜绵粉蚧 *Phenacoccus solani* Ferris, 1918

【英文名称】Solanum mealybug。

【分类地位】绵粉蚧亚科 Phenacoccinae，绵粉蚧属 *Phenacoccus* Cockerell。

【识别要点】雌成虫体卵圆形，长 2.3~2.7mm，浅黄色至褐色。足红色，被有薄蜡粉，周缘有 18 对侧蜡突，前面的蜡突短、细，后面的蜡突长、粗。

【生物学】主要寄生在植物叶片上。

【寄主】球兰、伞树、狗尾草、白酒草、三角柱、麒麟掌等。

【分布】北京、新疆、台湾。新加坡，越南，泰国，西亚，南欧，非洲，美洲。

为害状

早期雌成虫

后期雌成虫

78. 扶桑绵粉蚧 *Phenacoccus solenopsis* Tinsley, 1898

【别名】棉花粉蚧。

【英文名称】Solenopsis mealybug。

【分类地位】绵粉蚧亚科 Phenacoccinae，绵粉蚧属 *Phenacoccus* Cockerell。

【识别要点】雌成虫体椭圆形，长约 4mm，浅黄色，有 2 条亚中黑宽带和 2 条不连续的亚缘黑窄带，背面被有白色蜡粉，早期蜡粉薄，可露出体色，后期蜡粉厚，在亚中部可见黑色斑点，胸部有 0~2 对，腹部有 3 对。周缘有 18 对侧蜡突，后面 2~3 对蜡突较长。蜡突表面粗糙。

【生物学】寄生在叶片、嫩枝及果实上。

【寄主】扶桑、棉花、番茄、马缨丹、银胶菊、向日葵、南瓜、小驳骨、蜀葵等 200 多种植物。

【分布】广东、广西、海南、湖南、湖北、江苏、江西、福建、台湾、安徽、浙江、云南、四川、重庆、上海、新疆。南亚，北美洲，南美洲。

注：该种是我国一种重要外来入侵害虫。2008 年首次在广州被发现。

早期雌成虫

后期雌成虫

在扶桑上为害状

在棉花上为害状

79. 柑橘臀纹粉蚧 *Planococcus citri* (Risso, 1813)

【异名】*Pseudococcus aridorum* Lindinger; *Pseudococcus phenacocciformis* Brain。

【别名】臀纹粉蚧、柑橘刺粉蚧。

【英文名称】Citrus mealybug。

【分类地位】粉蚧亚科 Pseudococcinae，臀纹粉蚧属 *Planococcus* Ferris。

【识别要点】雌成虫体椭圆形，体长 2.5~3.5mm，粉红色或橘褐色。足橘红色，被有白色蜡粉。周缘有 18 对短蜡突，末对比其他对稍长。

【生物学】寄生在幼芽、叶片、枝梢处。

【寄主】柑橘、苹果、葡萄、梨、柿、桑、龙眼、米兰、扶桑、石榴、紫景天、白蝉等。

【分布】广东、广西、江西、福建、台湾、浙江、江苏、上海、云南、四川及北方温室内。日本，韩国，印度，斯里兰卡，菲律宾，美洲，欧洲。

雌成虫

若虫为害白蝉

80. 南洋臀纹粉蚧 *Planococcus lilacinus* (Cockerell, 1905)

【别名】紫臀纹粉蚧、紫粉蚧、南洋刺粉蚧、咖啡根粉蚧。

【英文名称】Coffee mealybug；Oriental cacao mealybug。

【分类地位】粉蚧亚科 Pseudococcinae，臀纹粉蚧属 *Planococcus* Ferris。

【识别要点】雌成虫卵圆形，背面隆起，长1.3~2.5mm，宽0.8~1.8mm，紫红色或紫褐色。早期头胸部具有3对椭圆形白粉斑，后期背面被有白色蜡粉，呈颗粒状，背中线上蜡粉较薄，可隐约有1条红色背中线。体缘有18对白色蜡突，末对稍长。腹部有的蜡突互相靠近，似合并。

【生物学】寄生在叶片、根部及蚂蚁窝内。

【寄主】咖啡、杧果、可可、番石榴、番荔枝、羊蹄甲、土蜜树等100多种植物。

【分布】广东、广西、海南、台湾、云南。亚洲热带地区，非洲，大洋洲。

早期雌成虫

后期雌成虫

81. 大洋臀纹粉蚧 *Planococcus minor* (Maskell, 1897)

【别名】巴豆刺粉蚧。

【英文名称】Pacific mealybug；Passionvine mealybug。

【分类地位】粉蚧亚科 Pseudococcinae，臀纹粉蚧属 *Planococcus* Ferris。

【识别要点】雌成虫体椭圆形，长约2.0mm，宽约1.6mm，淡杏黄色至红色。背面被有白色蜡粉，但背中线上蜡粉薄。周缘有18对短蜡突，末对最长。

【生物学】寄生在叶片和嫩枝上。

【寄主】杧果、榴莲、可可、咖啡、香蕉、葡萄等250多种植物。

【分布】广东、广西、海南、云南、台湾、新疆。亚洲、非洲、大洋洲和美洲等热带及亚热带地区。

雌成虫

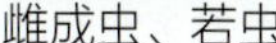

雌成虫、若虫

雌成虫及卵囊

82. 桧柏臀纹粉蚧 *Planococcus vovae* (Nasonov, 1908)

【异名】*Allococcus vovae* (Nasonov)。

【别名】桧松奥粉蚧。

【分类地位】粉蚧亚科 Pseudococcinae，臀纹粉蚧属 *Planococcus* Ferris。

【识别要点】雌成虫体椭圆形，长 2~3mm，宽 1.2~1.7mm，红黄色至深红色。背面被有白色薄蜡粉，周缘有很短的蜡突，数目不定，其中身体尾端 1 对相对较粗大。触角 8 节。足 3 对，粗壮，爪不具齿突，后足基节有许多透明孔。腹脐大，有节间褶横过。前、后背孔存在。产卵，分泌蜡丝，形成覆盖虫体的白色卵囊。密度大时，白花花一片。

【生物学】以雌成虫和若虫寄生在嫩枝及针叶上为害。

【寄主】扁柏、刺柏、崖柏、沙地柏等柏科植物。

【分布】北京、河北。欧洲。

注：2020 年在我国北京、河北廊坊首次发现。

雌成虫及若虫

为害状（1）

卵囊

为害状（2）

雌成虫

83. 九华囊粉蚧 *Porisaccus jiuhuaensis* (Wu, 1984)

【异名】*Serrolecanium jiuhuaensis* Wu。

【分类地位】粉蚧亚科 Pseudococcinae，囊粉蚧属 *Porisaccus* Hendricks & Kosztarab。

【识别要点】雌成虫体长卵形，背腹扁平，前端宽圆，腹末后 4 节具有侧后突，长可达 9.0mm。充分老熟时全体硬化，尤以腹末后 4 节为甚。红褐色。体被薄蜡粉，但体缘较多。触角 2 节，瘤突状。口器在前气门之前。后气门之后后足位置处有 1 对残月形大腺囊。

【生物学】成小群寄生在叶鞘下的竹茎上。

【寄主】箬竹、箭竹。

【分布】安徽、湖北、贵州。

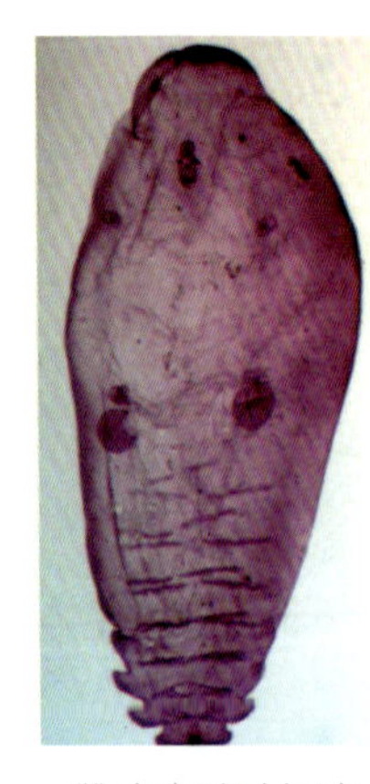
雌成虫玻片标本

雌成虫

雌成虫为害状

84. 康氏粉蚧 *Pseudococcus comstocki* (Kuwana, 1902)

【英文名称】 Comstock mealybug。

【分类地位】 粉蚧亚科 Pseudococcinae，粉蚧属 *Pseudococcus* Westwood。

【识别要点】 雌成虫体椭圆形，长 3~5mm，淡粉红色。被有厚蜡粉足以盖住体色。周缘有 17 对蜡突。蜡突细、直，且表面光滑。末对最长，为体长的 1/2~2/3，末前对次之，为体宽的 1/2，其余蜡突长为虫体宽的 1/4。

【生物学】 寄生在叶片、枝条和果实上。在河北 1 年发生 3 代，以卵在枝干皮缝和树干基部附近土石缝等隐蔽处越冬。

【寄主】 桑、梓树、合欢、苹果、梨、柳、悬铃木、胡桃、君子兰、大叶黄杨、白蜡等 34 科 100 余种植物。

【分布】 北京、河北、山西、河南、内蒙古、辽宁、黑龙江、吉林、湖南、湖北、江西、江苏、安徽、福建、广东、广西、浙江、上海。日本，朝鲜，韩国，南亚，中亚，欧洲，美洲，大洋洲。

雌成虫

在苹果上为害状

雌成虫为害水蜡

梨果上的雌成虫

85. 柑橘棘粉蚧 *Pseudococcus cryptus* Hempel, 1918

【异名】*Pseudococcus citriculus* Green, 1922。

【别名】橘小粉蚧、桔小粉蚧。

【英文名称】Cryptic or citriculus mealybug。

【分类地位】粉蚧亚科 Pseudococcinae，粉蚧属 *Pseudococcus* Westwood。

【识别要点】雌成虫体椭圆形，长约 2.0mm，淡黄色或绿黄色，被有厚蜡粉足以盖住体色。周缘有 17 对蜡突，蜡突粗长。最前 1 对最短，约为体宽的 1/4，往后渐长，末对长超过体长的 2/3。

【生物学】寄生在叶片、枝条上。

【寄主】柑橘、金橘、柠檬、茶树、榕树、龟背竹、海桐、栀子、石榴、梨、李树、桃等。

【分布】河南、河北、山东、江苏、辽宁、山西、陕西、四川、湖南、湖北、江西、安徽、浙江、云南、福建、广东、广西、台湾。日本，韩国，印度尼西亚，美国夏威夷。

雌成虫

雌成虫及卵囊

雌成虫及若虫

为害柚子叶片

86. 长尾粉蚧 *Pseudococcus longispinus* (Targioni-Tozzetti, 1867)

【英文名称】Longtailed mealybug。

【分类地位】粉蚧亚科 Pseudococcinae，粉蚧属 *Pseudococcus* Westwood。

【识别要点】雌成虫体椭圆形，体长 2.1~3.6mm，浅黄色。体背被有蜡粉，但背中有 1 宽纵带上蜡粉极薄，显露出体色。周缘有细长蜡突 17 对，末端 1 对最长，常超过体长，末前对为末对长的一半，其余各对几乎等长，为末对长的 1/4。

【生物学】主要寄生在叶片上。

【寄主】柑橘、槟榔、洋蒲桃、番石榴、栀子、相思树、马缨丹、蝴蝶兰、海芋等。

【分布】福建、广东、台湾、香港等南方省（区）及北京等北方温室内。亚洲，非洲南部。

雌成虫

成、若虫为害海芋叶片

雄成虫及蛹

成虫为害蝴蝶兰花萼

87. 拟葡萄粉蚧 *Pseudococcus viburni* (Signoret, 1875)

【异名】*Dactylopius affinis* Maskell, 1894。

【分类地位】粉蚧亚科 Pseudococcinae，粉蚧属 *Pseudococcus* Westwood。

【识别要点】雌成虫体椭圆形，长约 2.0mm，宽约 1.1mm，灰红色。背面被有蜡粉，周缘有 17 对短蜡丝，末对最长。触角 8 节。

【生物学】寄生在嫩茎上。

【寄主】葡萄、苹果、桑、爬山虎等 30 多科 100 余种植物。

【分布】北京、宁夏。澳大利亚，美国。

雌成虫（1）

雌成虫（2）

在爬山虎上为害状

88. 中华垒粉蚧 *Rastrococcus chinensis* Ferris, 1954

【别名】中华平刺粉蚧、中华梳粉蚧。

【分类地位】垒粉蚧亚科 Rastrococcinae，垒粉蚧属 *Rastrococcus* Ferris。

【识别要点】雌成虫体椭圆形，长约 2.0mm，黄白色。背面被有薄蜡粉，中线上没有裸区。周缘有 15~16 对细长蜡突。

【生物学】寄生在叶片上。

【寄主】番石榴、巴戟天、银柴、九节木等。

【分布】广东、香港、澳门、广西、福建。印度尼西亚，马来西亚。

雌成虫

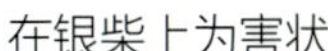

在银柴上为害状

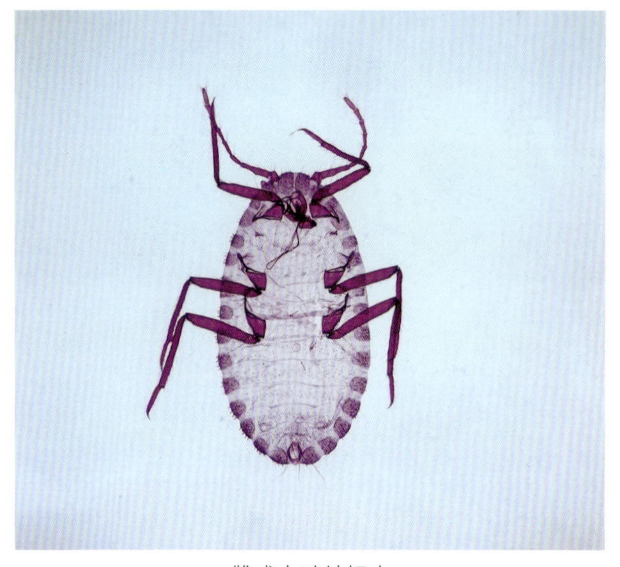

雌成虫玻片标本

89. 西非垒粉蚧 ***Rastrococcus invadens*** **Williams, 1986**

【英文名称】Mango mealybug。

【分类地位】垒粉蚧亚科 Rastrococcinae，垒粉蚧属 *Rastrococcus* Ferris。

【识别要点】雌成虫体椭圆形，长 3.5~4.0mm，浅黄色至浅绿色。背被白色薄蜡粉，但中区有裸露带。周缘有 17 对特别细长的侧蜡突，头部者与体同长；胸部者较短，为体宽的 1/2~1；腹部者更长，最长可达体长的 4 倍。

【生物学】寄生在叶片、嫩茎上。

【寄主】杧果、柑橘、柚、番石榴、无花果、黄葛树等 29 科 54 属植物。

【分布】海南、云南、香港。巴基斯坦，孟加拉国，斯里兰卡，印度，泰国，新加坡，马来西亚，菲律宾，加纳，多哥。

为害嫩茎

雌成虫

为害叶片

90. 吹绵垒粉蚧 *Rastrococcus iceryoides* (Green, 1923)

【异名】*Phenacoccus iceryoides*；*Ceroputo iceryoides*；*Puto iceryoides*。

【别名】平刺粉蚧、吹绵梳粉蚧。

【分类地位】垒粉蚧亚科 Rastrococcinae，垒粉蚧属 *Rastrococcus* Ferris。

【识别要点】雌成虫体阔卵形，长可达 5.0mm，宽可达 3.5mm，背面稍突，浅黄色，被有白色厚蜡粉，胸部和前几腹节背中有蜡突成脊，周缘有 1 圈粗短蜡突，前面的较短，常藕连在一起；后面的较长，约为体长的 1/4。卵囊在腹部腹面。

【生物学】寄生在叶片、枝条和果实上。

【寄主】番荔枝、水黄皮、紫珠、杧果、马槟榔、野桐、荔枝、九里香等 31 科 77 属植物。

【分布】广东、香港、福建、云南。印度，斯里兰卡，泰国，尼泊尔，新加坡，马来西亚，孟加拉国，文莱，肯尼亚，马拉维，坦桑尼亚。

雌成虫

雌成虫及卵囊

91. 热带垒粉蚧 ***Rastrococcus tropicasiaticus* Williams, 2004**

【分类地位】垒粉蚧亚科 Rastrococcinae，垒粉蚧属 *Rastrococcus* Ferris。

【识别要点】雌成虫体椭圆形，体长可达4.25mm，宽可达2.75mm，橘红色，背面被有薄蜡粉，但节间、亚中线和亚缘线上蜡粉缺，造成体背形似龟背。周缘有17对短粗蜡突，末2对稍长。

【生物学】寄生在枝条上。

【寄主】小叶榕、卫矛、杧果、龙眼等。

【分布】云南。马来西亚，泰国，越南，菲律宾。

雌成虫

92. 热带蔗粉蚧 ***Saccharicoccus sacchari* (Cockerell, 1895)**

【别名】甘蔗红粉蚧、红甘蔗粉蚧、糖粉蚧。

【英文名称】Pink sugarcane mealybug。

【分类地位】粉蚧亚科 Pseudococcinae，蔗粉蚧属 *Saccharicoccus* Ferris。

【识别要点】雌成虫体椭圆形，长4.0~5.0mm，背部隆起，棕红色，被有薄蜡粉。周缘蜡突缺，或末端有1对短蜡突。触角7节。腹脐大，哑铃形。

【生物学】寄生在节间、叶鞘下茎上。

【寄主】甘蔗、芒草、水稻、高粱等。

【分布】浙江、福建、台湾、湖北、海南、湖南、江西、广东、广西、贵州、四川、云南。日本，南美洲，北美洲。

注：在我国寄生在甘蔗叶鞘下的粉蚧种类，除热带蔗粉蚧外，还有甘蔗灰粉蚧 *Dysmicoccus boninsis* (Kuwana, 1909)、甘蔗基粉蚧 *Kiritshenkella sacchari* (Green) 和东亚蔗粉蚧 *Pseudococcus saccharicola* Takahashi。这3种粉蚧与热带蔗粉蚧的主要区别为：甘蔗灰粉蚧体灰色，周缘有6~7对蜡突，触角通常8节，刺孔群通常7对，常有1对在头部；甘蔗基粉蚧触角6节，腹脐缺，前背孔无；东亚蔗粉蚧体黄褐色，周缘有16对白蜡突，触角8节，背部有蕈腺分布。

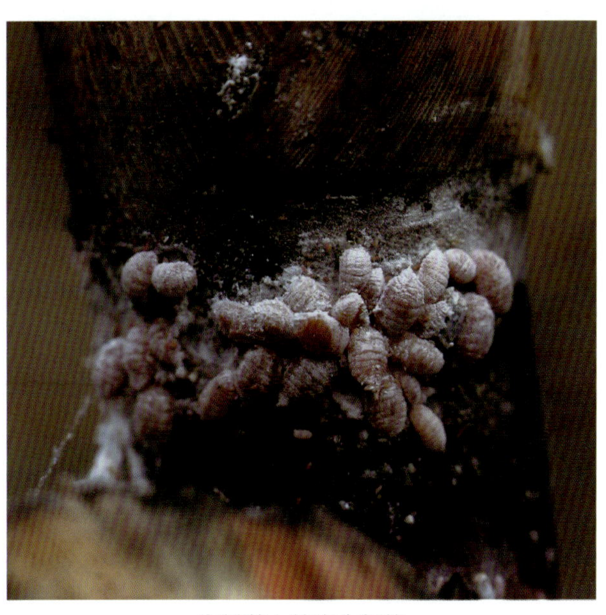

在甘蔗上的寄生部位

雌成虫

93. 小蓬绿粉蚧 *Sananicoccus nanophytoni* Huang & Yan, 2023

【分类地位】绵粉蚧亚科 Phenacoccinae，绿粉蚧属 *Sananicoccus* Huang & Yan。

【识别要点】雌成虫体宽椭圆形至近圆形，长约 1.5mm，宽约 1.2mm，绿色。触角 7 节，足正常发达。产卵时雌成虫分泌白色蜡质物包被虫体。

【生物学】成虫于 6 月在叶片上形成卵囊。

【寄主】小蓬。

【分布】新疆。

雌成虫

卵囊

94. 费氏锯粉蚧 *Serrolecanium ferrisi* Wu & Lu, 2012

【分类地位】粉蚧亚科 Pseudococcinae，锯粉蚧属 *Serrolecanium* Shinji。

【识别要点】雌成虫体长椭圆形，前端基本呈圆形，两侧平行，从第 3 腹节向后逐渐变窄呈锥状，第 4~8 腹节两侧外缘突出，呈锯齿状；其中第 7、8 腹节突出部分向后延伸，形成 4 个较长的齿瓣，第 6 腹节的较短，第 4、5 腹节不向后延伸，但第 5 腹节的突出部分略向后弯曲。第 4~8 腹节缘区具锥状刺，一般每 2 个一组分布。充分老熟时全体高度硬化，长达 4.5mm，暗红色。触角 2 节，瘤突状。无足。

【生物学】单个寄生在叶鞘下竹茎上。

【寄主】箭竹、青篱竹。

【分布】湖北、贵州、云南。

雌成虫

为害状

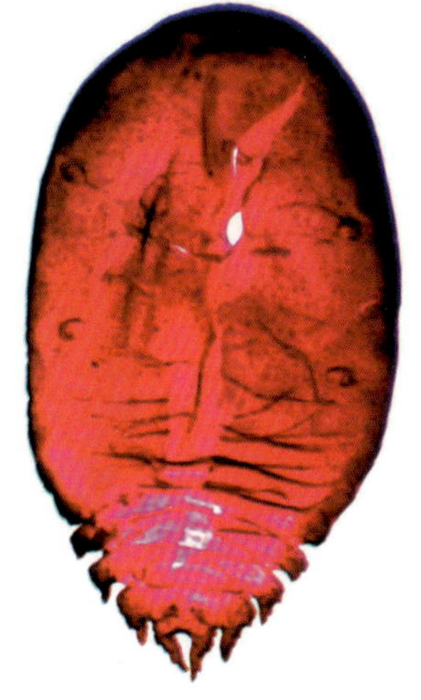

雌成虫玻片标本

95. 网孔锯粉蚧 ***Serrolecanium indocalamus*** **Wu, 1988**

【分类地位】粉蚧亚科 Pseudococcinae，锯粉蚧属 *Serrolecanium* Shinji。

【识别要点】雌成虫体卵圆形或长椭圆形，头部圆形，腹部略收缩，第 5~8 腹节两侧外缘突出并向后延伸，呈锯齿状，突出部分硬化并具长锥状刺。充分老熟时全体高度硬化，长达 6.0mm，暗红色。触角 1 节，小瘤状。无足。

【生物学】单个寄生在叶鞘下茎上。

【寄主】华东箬竹。

【分布】安徽。

雌成虫

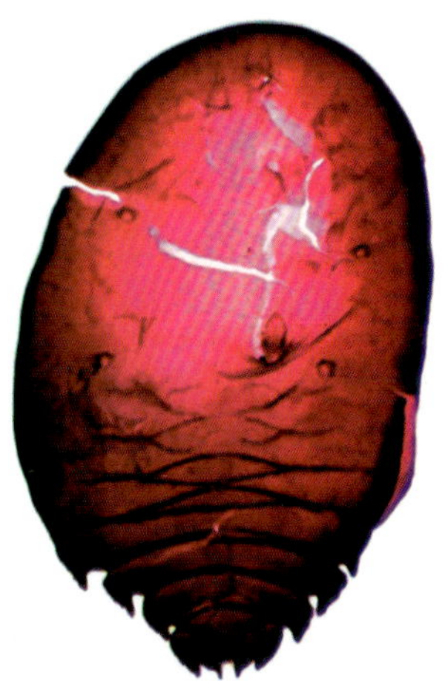

雌成虫玻片标本

96. 河合锯粉蚧 *Serrolecanium kawaii* Hendricks & Kosztarab, 1999

【分类地位】粉蚧亚科 Pseudococcinae，锯粉蚧属 *Serrolecanium* Shinji。

【识别要点】成虫体枣核形，前端圆形，两侧平行，从第 3 腹节向后逐渐变窄呈锥状，第 3~8 腹节两侧外缘突出，硬化并呈锯齿状；其中第 5~8 腹节突出部分向后延伸，第 3、4 腹节外缘突出但不向后延伸。第 3~8 腹节缘区具锥状刺。充分老熟时全体高度硬化，长达 5.0mm，暗红色。触角 1 节，片状。无足。

【生物学】单个生活在竹芽或叶鞘下。

【寄主】箬竹、青篱竹。

【分布】安徽。日本。

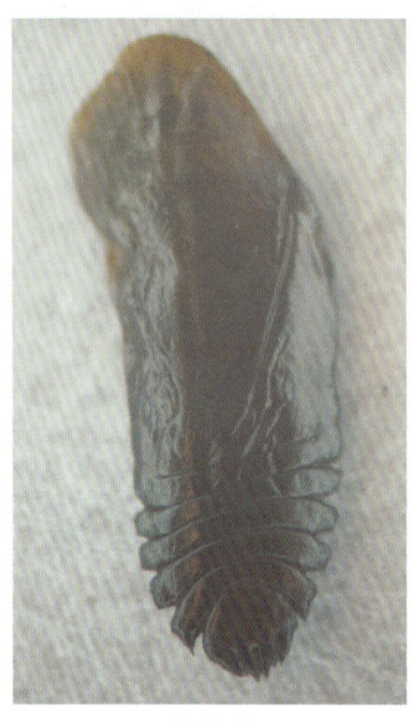

雌成虫

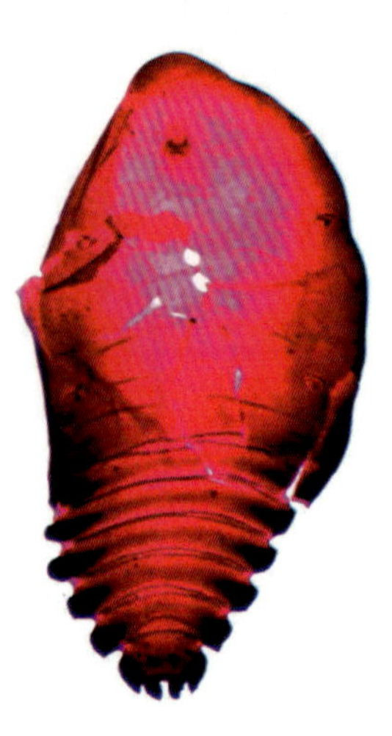

雌成虫玻片标本

为害状

97. 榆华粉蚧 *Sinococcus ulmi* Wu & Zheng, 2001

【分类地位】绵粉蚧亚科 Phenacoccinae，华粉蚧属 *Sinococcus* Wu & Zheng。

【识别要点】雌成虫青年时体粉红色，卵圆形。体长 0.8~1.04mm，宽 0.5~0.7mm。老熟时紫红色，且头、胸部高度硬化，而身体藏在缝隙内，完全不暴露于空气中者，则体淡黄色且柔软。体形因树皮裂缝情况而异，变化很大，但口器部分常突出。老熟雌成虫体较青年雌成虫大，长 1.4~1.75mm，宽 1.04~1.36mm。

【生物学】生活在树枝、干树皮裂缝内。每年 5~6 月生殖季节，雌成虫分泌大量蜡丝，伸出树皮裂缝外，易于发现。两性生殖。

【寄主】榆树。

【分布】天津、北京、吉林、河南。

注：在华北，榆树树皮裂缝内，生活着一种毡蚧：榆大盘毡蚧（榆皮隐毡蚧）*Macroporicoccus ulmi* (Tang & Hao)，生殖季节的表现与榆华粉蚧相同，但虫体近球形，无尾瓣，足高度退化，几不可见。触角 6 节。

雌成虫

树皮裂缝内的老熟雌成虫

98. 太平洋匹粉蚧 *Spilococcus pacificus* (Borchsenius, 1949)

【异名】 *Atrococcus pacificus* (Borchsenius)。

【别名】 太平洋黑粉蚧。

【分类地位】 粉蚧亚科 Pseudococcinae，匹粉蚧属 *Spilococcus* Ferris。

【识别要点】 雌成虫体椭圆形，体长 3.1~3.9mm，宽 2.3~2.5mm，红色（浸在碱液中变为绿色）。体被白蜡粉，腹末有 2~6 对短蜡突。雄成虫体红褐色，腹部末端有 1 对白色长蜡突。

【生物学】 寄生在主干、枝条缝隙内、根部。

【寄主】 苹果、李树、沙果、桦树、桑、国槐、沙枣、核桃、海桐。

【分布】 北京、山西、山东、宁夏。朝鲜，韩国，俄罗斯远东。

雌成虫

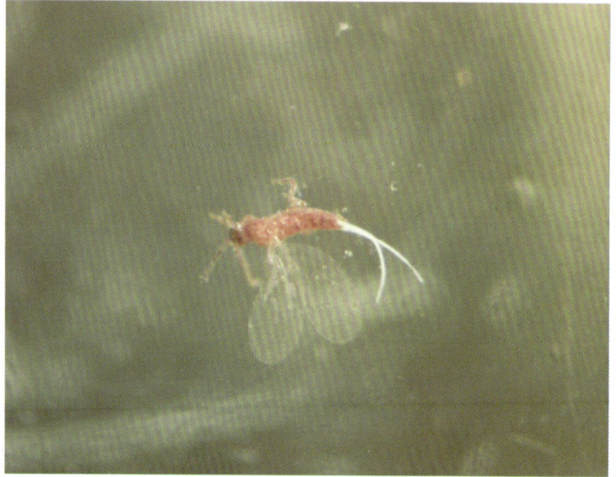
雄成虫

在海桐枝条上形成虫瘿

为害苹果根部

99. 细长汤粉蚧 *Tangicoccus elongates* (Tang, 1977)

【异名】*Longicoccus elongates* Tang，1977。

【别名】竹长粉蚧。

【分类地位】粉蚧亚科 Pseudococcinae，汤粉蚧属 *Tangicoccus* Kozar & Walter。

【识别要点】雌成虫体细长，两侧近平行，长可达 10mm, 长为宽的 2~3 倍，背腹扁平，黄褐色或略微带红。老熟个体体壁略硬化，尤以腹末几节为甚。触角退化成瘤突状，2 节。足全缺，无痕迹。口器位于腹面中部，在 4 个气门之间。无蜡被。虫体周围有一圈白色分泌物，尤其是腹部。

【生物学】常单个寄生在竹小枝叶鞘下。

【寄主】苦竹、箬竹等竹类。

【分布】江苏、浙江、安徽、福建、江西、上海。

雌成虫

叶鞘内的雌成虫

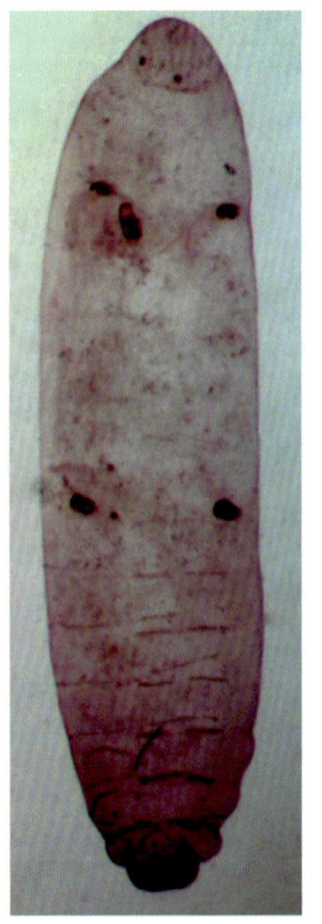
雌成虫玻片标本

100. 中亚柽粉蚧 *Trabutina serpentina* (Green, 1919)

【异名】*Naiacoccus minor* Green，1919；*Naiacoccus serpentinus* Green，1919。

【别名】小型蛇粉蚧、小红柳粉蚧、中亚蛇粉蚧。

【分类地位】粉蚧亚科 Pseudococcinae，柽粉蚧属 *Trabutina* Marchal。

【识别要点】雌成虫体椭圆形，头、胸部窄，腹部宽。体长约 3mm，宽约 2mm，黄色带绿。触角通常 6 节。足小。卵囊棉絮状，很长，可达 15mm。稀松缠绕在寄主枝条上。

【生物学】寄生在枝条上。

【寄主】柽柳。

【分布】新疆、内蒙古。巴基斯坦，中亚。

雌成虫

卵囊

101. 耕葵粉蚧 *Trionymus agrestis* Wang *et* Zhang, 1990

【分类地位】粉蚧亚科 Pseudococcinae，条粉蚧属 *Trionymus* Berg。

【识别要点】雌成虫体长椭圆形，两侧近平行，长 3.5~4.2mm，红色至红褐色，背面被有蜡粉。腹部侧缘有 5~6 对蜡突，末对粗且长。

【生物学】寄生在叶鞘和根部。

【寄主】玉米、高粱、小麦、狗尾草等禾本科植物。

【分布】河北、辽宁、山东、山西、河南等地。

注：此种与甘蔗灰粉蚧 *Dysmicoccus boninsis* (Kuwana) 形态上很相似，难以区分，极有可能为同种。

叶鞘内的雌成虫

根部的雌成虫

102. 竹条粉蚧 *Trionymus bambusae* (Green, 1922)

【异名】*Brevennia bambusae* Green。

【别名】竹长粉蚧、刺竹轮粉蚧。

【分类地位】粉蚧亚科 Pseudococcinae，条粉蚧属 *Trionymus* Berg。

【识别要点】雌成虫体椭圆形，长 2.1~2.8mm，橘黄色，背面基本没有蜡粉。触角 8 节。

【生物学】主要寄生在叶鞘内，但当发生量大时，也可为害叶片。

【寄主】早园竹、刺竹、龙竹、金镶玉竹等竹类。

【分布】北京、贵州、湖北、台湾。印度，斯里兰卡。

叶鞘下的雌成虫

叶片上的雌成虫、若虫及卵囊

十二、根粉蚧科 Rhizoecidae Root mealybugs

根粉蚧，体小型，触角弯曲呈膝状，
表皮生有双三管，生活地下害根部。

雌成虫体小型，白色，被有薄蜡粉。触角 2~6 节，一般呈膝状弯曲。足存在。生活在地下寄生在植物根部。全世界 16 属 218 种，我国 5 属 18 种。

103. 柑橘地粉蚧 *Geococcus citrinus* Kuwana, 1923

【分类地位】地粉蚧属 *Geococcus* Green。

【识别要点】雌成虫体长椭圆形，老熟时球形，淡黄色。触角膝状，6 节。腹部末端有 1 对硬化的尾瓣。体被有白色棉絮状蜡粉。

【生物学】寄生在须根上。在福州郊区 1 年发生 3 代，主要以若虫和少数成虫越冬。

【寄主】柑橘、桑。

【分布】福建、山东、广西。日本，印度。

雌成虫腹面

为害状

104. 伴毛地粉蚧 *Geococcus satellitum* Williams, 2004

【分类地位】地粉蚧属 *Geococcus* Green。

【识别要点】雌成虫体长椭圆形至阔卵形，长 1.2~2.4mm，宽 0.5~1.6mm，背面稍突至中度隆起，亮白色。足浅黄色，尾瓣黄褐色。体被一层薄蜡粉。

【生物学】寄生在植物根部。

【寄主】鬼针草、蒿、阔叶风花草等。

【分布】云南。泰国。

雌成虫背面观

雌成虫侧面观

105. 木槿土粉蚧 *Ripersiella hibisci* (Kawai *et* Takagi, 1971)

【分类地位】土粉蚧属 *Ripersiella* Tinsley。

【识别要点】雌成虫体细长，长约 1.9mm，宽约 0.9mm，乳白色，被有少量蜡粉。触角 5 节，膝状。

【生物学】寄生在根部。

【寄主】散尾葵、木槿、天竺桂、凤尾棕、满天星、大王椰子、小叶榕等。

【分布】北京（温室）、广东、云南、香港、台湾。日本。

雌成虫

为害状

106. 柑橘土粉蚧 *Ripersiella kondonis* (Kuwana, 1923)

【异名】*Rhizoecus kondonis* Kuwana。

【分类地位】土粉蚧属 *Ripersiella* Tinsley。

【识别要点】体细长扁圆筒形，两侧近平行，淡黄色。触角 5 节，膝状。外被白蜡粉。

【生物学】寄生在根部。在福建邵武 1 年发生 3 代，主要以若虫和少数成虫越冬。

【寄主】柑橘、苜蓿、草莓、莲子草、酸浆。

【分布】福建、浙江。日本，美国。

雌成虫玻片标本

十三、毡蚧科 Eriococcidae
Felted scale insects

尾瓣发达毡蚧科，背面多刺体红色。
雌虫配后产卵前，分泌蜡囊裹自身。

毡蚧科又名绒蚧科、刺粉蚧科。雌成虫体通常椭圆形，腹部末端常有 1 对长锥形尾瓣，常红色或红褐色。体壁柔软，分节明显。触角 5~8 节，端节常小且短于端前节。足正常发达。体背有许多粗锥状刺，或按节排成横带，或沿体缘分布。产卵时，分泌 1 个致密毡状卵囊包裹自身，躲在里面取食和产卵。我国已记录 12 属 45 种。

毡蚧的田间识别很困难，仅卵囊本身的特征及其虫体的寄生部位可以提供一些有用的信息。

107. 柿树白毡蚧 *Asiacornococcus kaki* (Kuwana, 1931)

【异名】 *Eriococcus kaki* Kuwana。

【别名】 柿绒蚧、柿毡蚧、柿绒粉蚧、柿棉蚧。

【英文名称】 Kaki persimmon scale。

【分类地位】 白毡蚧属 *Asiacornococcus* Tang & Hao。

【识别要点】 雌成虫体椭圆形，长约 1.5mm，宽约 1mm，扁平，红色或暗紫色，背面具刺毛，腹缘有白色细蜡丝。体被白色薄蜡粉。卵囊为纯白色或暗白色毡状物，大米粒形，背面隆起，头端椭圆形，腹部末端有 1 个内陷开口。表面存在穿出卵囊较为粗长的蜡毛。雄成虫长 1~1.2mm，紫红色。触角 9 节。前翅暗白色。腹末有 1 对与体等长的白色蜡丝，性刺短。

【生物学】 寄生在枝条、叶片、果实上。1 年发生 4 代，以若虫在枝干皮缝和干柿蒂中越冬。后期在果面、柿蒂上固定为害，造成果实提前软化而脱落，影响产量和品质，为北京等地柿树重要害虫之一。

【寄主】 柿、桑。

【分布】 宁夏、黑龙江、吉林、辽宁、河北、河南、山东、山西、陕西、四川、贵州、安徽、浙江、广东、广西。日本，韩国。

果实上的雌成虫及卵囊

叶片上的雌成虫及卵囊

为害状

108. 榉树枝毡蚧 *Eriococcus abeliceae* Kuwana, 1927

【别名】榆树枝毡蚧。

【分类地位】毡蚧属 *Eriococcus* Targ.。

【识别要点】雌成虫体椭圆形，长约 2.5mm，宽约 1.8mm，前端钝圆，后端逐渐变狭，暗紫色。卵囊约 3.0mm，白色或略带粉色，椭圆形，背面有 1 条深中纵沟和 4 条横沟。

【生物学】寄生在小枝分叉处和树皮伤疤处。

【寄主】榉树。

【分布】北京、江苏、上海。日本。

雌成虫

卵囊

为害状（1）

为害状（2）

109. 槭毡蚧 *Eriococcus acericola* Tang *et* Hao, 1995

【分类地位】毡蚧属 *Eriococcus* Targ.。

【识别要点】雌成虫长椭圆形，暗紫色，长约1.8mm，宽约0.9mm。触角7~8节，第3节最长。口器发达。足3对。臀瓣硬化，长锥形，包于白色毡囊中。雄成虫初羽化为淡红色，渐变为褐红色。体长1.5mm，眼黑色，凸出。触角念珠状，10节。口器退化。胸足发达。前翅膜质半透明，具1分叉翅脉，后翅退化为平衡棍。腹末前1节两侧生有1对长于体长的白色蜡丝。

【生物学】1年发生1代，以雄蛹和二龄雌若虫固定于枝干的缝隙中或枝杈处越冬。5月上旬雌成虫开始产卵，每雌产卵145~340粒，平均229.5粒。5月下旬若虫开始出现，6月中旬为孵化盛期。

【寄主】复叶槭、杨、柳、桑、文冠果。

【分布】宁夏。

雌成虫

卵囊

110. 小檗毡蚧 *Eriococcus berberisi* Nan, Chen & Wu, 2011

【分类地位】毡蚧属 *Eriococcus* Targ.。

【识别要点】雌成虫体卵圆形，长1.90~3.20mm，宽1.33~2.03mm，红色。卵囊白色，背面有不明显的分节痕迹，时间长了更是如此。

【生物学】寄生在枝条上，产卵时多爬到叶片基部叶鳞处分泌卵囊。

【寄主】紫叶小檗。

【分布】内蒙古、青海。

卵囊

为害状

111. 沿海榆毡蚧 *Eriococcus costatus* (Danzig, 1975)

【异名】*Eriococcus ulmi* Tang，1977。

【别名】榆绒蚧、榆绒粉蚧、榆毡蚧。

【分类地位】毡蚧属 *Eriococcus* Targ.。

【识别要点】雌成虫近卵形，体长约 1.9mm，尾端变尖，暗紫红色。触角 6 节。尾瓣发达，外被 1 个白色毡状蜡囊，蜡囊背面具有 4 条横沟和 1 条中纵沟而将背面分为 5 对突棱。

【生物学】寄生在枝条分叉处、叶腋外。

【寄主】榆树。

【分布】北京、河北、山西、辽宁。俄罗斯远东。

雌成虫卵囊

为害状

112. 栾树毡蚧 *Eriococcus koelreuterius* Wei *et* Wu, 2004

【分类地位】毡蚧属 *Eriococcus* Targ.。

【识别要点】雌成虫体纺锤形，长约 2.2mm，暗紫色，但背中线色浅而呈 1 条黄褐纵带。卵囊灰白色至灰黄色，腹部按腹节有横脊，背腹面稍扁。

【生物学】寄生在枝条芽鳞、枝杈及主干伤疤处。

【寄主】栾树。

【分布】北京。

雌成虫卵囊

为害状

113. 石榴囊毡蚧 *Eriococcus lagerostroemiae* Kuwana, 1907

【别名】紫薇毡蚧、紫薇绒蚧、石榴绒蚧、榴绒粉蚧。

【分类地位】毡蚧属 *Eriococcus* Targ.。

【识别要点】雌成虫体椭圆形，长约 3mm，最宽处约 2mm，末端稍窄于头端，紫红色。遍生微细短刚毛，被有白色蜡粉，体背有少量白蜡丝，外观略呈灰白色。触角 7 节。卵囊大小和形状如稻米粒，白色或灰白色，毛毡状。

【生物学】寄生在主干、枝条上。1 年发生 2 代，以不同龄期的若虫越冬。发生量大时，虫体覆盖整个枝条、主干。

【寄主】石榴、紫薇、扁担杆、叶下珠。为我国紫薇主要害虫之一。

【分布】宁夏、山西、浙江、山东、江苏、北京、天津、河北、辽宁、贵州、安徽。日本，朝鲜，韩国，印度，美国。

雌成虫

雌成虫、卵

卵囊及雄茧

雄成虫

114. 柽柳瘿毡蚧 *Eriococcus orbiculus* (Matesova, 1960)

【分类地位】毡蚧属 *Eriococcus* Targ.。

【识别要点】雌成虫体卵形，前端宽圆，后端狭窄，长约 2.3mm，宽约 1.2mm，青色或黄褐色。卵囊椭圆形，白色，长约 2.5mm, 毡状，表面有粗蜡丝。在枝条上形成虫瘿。

【生物学】寄生在枝条上。在内蒙古额济纳，1 年发生 1 代，以卵在枯枝落叶层的白色卵囊中越冬。4 月上、中旬，孵化的一龄若虫上树寻找适合的新生芽鞘，在底部取食，刺激芽鞘组织增生，形成虫瘿，将若虫包裹在内。后随着若虫取食，虫瘿逐渐增大，且由绿色变红色。

【寄主】柽柳。

【分布】内蒙古。哈萨克斯坦。

雌成虫

雄成虫

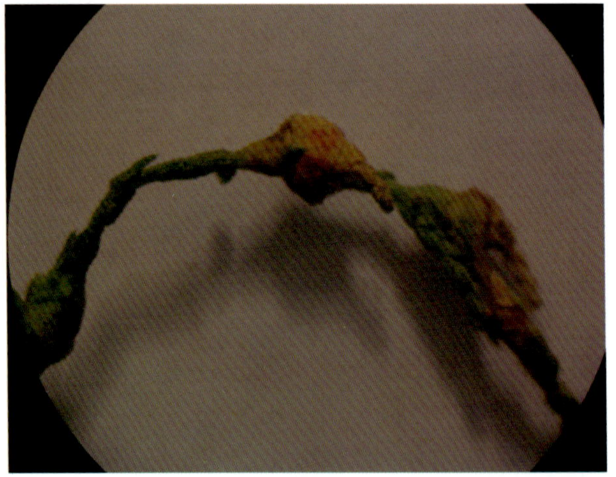

虫瘿

为害状

115. 柳树干毡蚧 *Eriococcus salicis* Borchsenius, 1938

【别名】柳绒蚧。

【分类地位】毡蚧属 *Eriococcus* Targ.。

【识别要点】雌成虫体卵圆形，尾部稍尖，长 2.25~2.75mm，暗紫红色。触角 7 节，第 3 节最长。卵囊丝质，初期白色，后变为灰白色，包裹整个虫体，尾部开口圆形。雄成虫分长翅型和短翅型两种。

【生物学】寄生在主干、枝条上。1 年发生 1 代，以二龄若虫在枝、干裂皮缝隙内越冬。5 月分泌卵囊并产卵其中。

【寄主】旱柳、垂柳、龙爪柳、馒头柳、蒙古柳、绢柳、粉枝柳、爆竹柳、大黄柳、五蕊柳、谷柳等。

【分布】河北、山西、内蒙古、宁夏、辽宁、吉林、黑龙江。俄罗斯远东。

卵囊

为害状

116. 马蹄囊毡蚧 *Eriococcus transversus* Green, 1922

【别名】竹鞘绒蚧、竹鞘绒粉蚧、竹绒蚧。

【分类地位】毡蚧属 *Eriococcus* Targ.。

【识别要点】雌成虫体长且弯曲，头、尾彼此靠近，略呈马蹄形，褐色。卵囊亦弯曲成马蹄形，侧狭，白色，背面有横脊纹数条。

【生物学】寄生在叶片基部紧靠枝条处。

【寄主】毛竹、刚竹、青皮竹等。

【分布】河北、浙江、福建、台湾、广东、广西、贵州、云南、四川。斯里兰卡。

雌成虫

卵囊

117. 榆树囊毡蚧 ***Eriococcus ulmarius* (Danzig, 1975)**

【异名】*Acanthococcus ulmarius*。

【分类地位】毡蚧属 *Eriococcus* Targ.。

【识别要点】虫体椭圆形，紫红色，长约2.5mm。触角6节。卵囊椭圆形，白色，毡状。

【生物学】寄生在枝条上。

【寄主】榆树。

【分布】内蒙古、吉林。朝鲜，韩国，蒙古，俄罗斯。

卵囊

虫体及卵

118. 榆树裸毡蚧 *Gossyparia spuria* (Modeer, 1778)

【别名】榆拟绒蚧。

【英文名称】European elm scale。

【分类地位】裸毡蚧属 *Gossyparia* Signoret。

【识别要点】雌成虫体椭圆形，长约 3mm，宽约 1.8mm，栗色。卵囊灰白色，毡状，仅在体缘和腹面，背部裸露。

【生物学】寄生在枝干上。

【寄主】榆树。

【分布】内蒙古。日本，俄罗斯，伊朗，欧洲，北美洲。

雌成虫及卵囊

119. 暹罗毛毡蚧 *Gossypariella siamensis* (Tahahashi, 1942)

【异名】*Rhizococcus siamensis*。

【别名】泰棉绒蚧。

【分类地位】毛毡蚧属 *Gossypariella* Borchsenius。

【识别要点】雌成虫体椭圆形至卵形，长 1.5~2.1mm，宽 1.2~1.6mm，背面稍突起，背中线有 1 条纵脊纹，各节有 1 条横纹，腹部较明显，褐色至暗褐色。体周缘有一圈白蜡粉。

【生物学】寄生在枝条和主干上。

【寄主】榕树、女贞。

【分布】云南。泰国。

为害状

雌成虫、若虫及雄茧

120. 丝球毡蚧 *Hujinlinococcus nematosphaerus* (Hu & Xie, 1981).

【异名】*Eriococcus nematosphaerus* Hu, Xie & Yan。

【别名】丝球绒蚧、球绒蚧。

【分类地位】球毡蚧属 *Hujinlinococcus* Kozar & Wu。

【识别要点】雌成虫体倒梨形，前端宽圆，后端变窄，暗红色。卵囊白色、球形，毡状且背面有许多长蜡丝伸出。

【生物学】寄生在叶柄基部腋芽处。

【寄主】毛竹、淡竹、紫竹、早园竹、刚竹。

【分布】北京、河南、安徽、江苏、浙江。

卵囊

121. 欧洲喀毡蚧 *Kaweckia glyceriae* (Green, 1921)

【英文名称】Grass felt scale。

【分类地位】喀毡蚧属 *Kaweckia* Koteja & Zek-Ogaza。

【识别要点】雌成虫体长形或长椭圆形，长约3.0mm，宽约1.7mm，红色。被有白色蜡粉。卵囊毡状，白色。

【生物学】叶鞘下茎上。

【寄主】赖草、针茅等禾本科植物。

【分布】内蒙古、辽宁。韩国，欧洲。

雌成虫

雌成虫及卵囊

为害状

122. 欧洲根毡蚧 *Rhizococcus herbaceus* Danzig, 1962

【分类地位】根毡蚧属 *Rhizococcus* Signoret。

【识别要点】雌成虫体长纺锤形，黄褐色。卵囊白色，毡状。

【生物学】卵囊在叶片正面。

【寄主】赖草。

【分布】内蒙古。德国，波兰，乌克兰。

卵囊

为害状

123. 东方根毡蚧 *Rhizococcus orientalis* (Danzig, 1975)

【分类地位】根毡蚧属 *Rhizococcus* Signoret。

【识别要点】雌成虫体椭圆形，长约 2.5mm，红色，背部缘区有白色蜡丝。卵囊毡状，灰白色，周缘有长蜡丝伸出。

【生物学】寄生在根部。

【寄主】艾蒿。

【分布】内蒙古、山西、河北。朝鲜，俄罗斯远东。

为害状

雌成虫、若虫及雄茧

124. 毛竹根毡蚧 *Rhizococcus rugosus* (Wang, 1982)

【异名】*Eriococcus rugosus* Wang；*Eriococcus wangi* Miller & Gimpel，1996。

【别名】皱绒粉蚧。

【分类地位】根毡蚧属 *Rhizococcus* Signoret。

【识别要点】雌成虫体卵形，背面突起而宽大，腹面狭小，红色。卵囊毡状，背面具有皱褶或几光滑。触角短小，6 节。

【生物学】寄生在枝杈间。

【寄主】毛竹。

【分布】江苏、上海、浙江、广东。

雌成虫卵囊

十四、隐蚧科 Cryptococcidae Bark crevice scale

隐蚧科，体微小，藏在树皮裂缝内。
足和触角多退化，肛环宽圆尾瓣缺。

雌成虫体球形或椭圆形，背面隆起。触角 1~6 节。足缺。尾瓣无。肛环体背白色细蜡丝。生活在落叶树树皮缝隙内。全世界 2 属 8 种，我国 2 属 3 种。

125. 樱桃隙隐蚧 *Kuwanina parva* (Maskell, 1897)

【异名】*Sphaerococcus parvus* Maskell。

【别名】樱桃隙毡蚧、樱桃隙粉蚧。

【分类地位】隙隐蚧属 *Kuwanina* Cockerell。

【识别要点】雌成虫体球形，直径约 1.0mm。触角退化，1 节，足全缺。暗红色。外包白色蜡质分泌物。

【生物学】寄生在树皮缝隙中。

【寄主】樱桃、杏、合欢。

【分布】北京。日本，韩国，英国。

雌成虫

为害状

126. 榆大盘隐蚧 *Macroporicoccus ulmi* (Tang & Hao, 1995)

【异名】*Cryptococcus ulmi* Tang & Hao。

【别名】榆皮隐毡蚧。

【分类地位】大盘隐蚧属 *Macroporicoccus* Nan & Wu。

【识别要点】雌成虫体圆形或卵形，直径约1.0mm，背面隆起呈半球形，橘红色。触角小，6节。产卵时分泌白色卵囊。

【生物学】寄生在主干树皮裂缝内。

【寄主】白榆、春榆、丁香。

【分布】北京、天津、山西。

雌成虫

卵囊

为害状

127. 红桦黄隐蚧 ***Pseudochermes betula*** **(Wu & Liu, 2009)**

【异名】*Kuwanina betula* Wu & Liu，2009。

【别名】红桦隙毡蚧。

【分类地位】黄隐蚧属 *Pseudochermes* Nitshe。

【识别要点】雌成虫体球形或半球形，小米粒大小。触角退化，无足。尾瓣缺，黄色，被有由细蜡丝组成的白色棉絮状分泌物。

【生物学】寄生在主干树皮裂缝内。

【寄主】红桦。

【分布】河南、湖北。

雌成虫

为害状

十五、胭蚧科 Dactylopiidae
Cochineal scales or dactylopiids

体含洋红胭蚧科，专食仙人掌植物。
截锥状刺聚成群，长长管腺在其中。

胭蚧科又名洋红蚧科。雌成虫不受干扰时浅灰色，当压破时则变为红色。被有黏的网状蜡丝。体有截锥状刺。生活在仙人掌叶片上。体内含有红色染料胭脂红，是一类重要的资源昆虫。现全世界仅 1 属 11 种。我国以前无，2000 年中国林业科学研究院资源昆虫研究所引进苔胭蚧 *Dactylopius coccus* (Costa)，及随仙人掌引进传入加州胭蚧 *D. confusus* (Cockerell)。

128. 苔胭蚧 ***Dactylopius coccus*** **(Costa, 1829)**

【英文名称】Cochineal scale。

【分类地位】胭蚧属 *Dactylopius* Costa。

【识别要点】体阔椭圆形，长4~6mm，宽3.0~4.5mm，暗紫红色，被白色蜡粉，可透过蜡粉见虫体。不分泌卵囊。挤破虫体为鲜红色液体。

【寄主】仙人掌。

【分布】云南、山东。该虫起源于墨西哥，现引种到许多国家和地区。

雌成虫

129. 加州胭蚧 ***Dactylopius confusus*** **(Cockerell, 1893)**

【英文名称】California cochineal scale。

【分类地位】胭蚧属 *Dactylopius* Costa。

【识别要点】体阔卵形，长2.5~3.0mm，宽1.5~2.0mm，紫红色，密被白色棉絮状蜡丝，不能透过蜡被见到虫体。该虫起源于新大陆，曾被引入澳大利亚用于生物防治仙人掌属植物。

【寄主】仙人掌。

【分布】福建。美洲。

雌成虫

为害状

十六、胶蚧科 Kerridae
Lac scale insects

体被胶蜡胶蚧科，触角退化足不分节。
前气门大后气门小，分泌的胶液是个宝。

雌成虫体圆球形或梨形，红色。寄生在寄主枝条上，分泌紫红色胶壳。触角和足退化成小突起。部分种类分泌的胶质物为人类所利用，为重要的资源昆虫。该科目前在全球已知 10 属 101 种，主要分布在热带和亚热带地区。我国已记载 4 属 16 种。

130. 中华白胶蚧 *Albotachardina sinensis* Zhang, 1992

【分类地位】白胶蚧属 *Albotachardina* Zhang。

【识别要点】雌成虫胶壳早期圆饼形，背面中央内凹，后中央逐渐拱起成半球形。背面和侧面有 16 个沟呈放射状排列，直径 3.5~4.5mm，颜色从粉白色到红褐色。

【生物学】寄生在枝条上。

【寄主】垂叶榕、钝叶榕、杧果等。

【分布】云南。

为害状

雌成虫胶壳

131. 云南紫胶蚧 *Kerria yunnanensis* Ou *et* Hong, 1990

【分类地位】胶蚧属 *Kerria* Targioni-Tozzetti。

【识别要点】雌胶壳半球形，壳面较为平坦，中部有 3 个孔，由此分泌白色蜡丝，紫色或紫红色。雄胶壳较雌胶壳小，锥状，紫红色。雌成虫体近球形或圆锥形，紫红色，体长 3.4~6.0mm，宽 2.5~4.0mm。

【生物学】1 年发生 2 代，以成熟雌成虫越冬。两性生殖。

【寄主】黄檀属、榕属、合欢属等植物。

【分布】云南。

注：我国紫胶原胶的生产虫种，以往认为是紫胶虫 *Kerria lacca*（Kerr），后经欧炳荣和洪广基（1990）研究，陈晓鸣等利用形态、细胞和分子证据确认为云南紫胶蚧 *Kerria yunnanensis* Ou *et* Hong。

为害状

梗胶

132. 中华翠胶蚧 *Metatachardia sinensis* Zhang, 1993

【分类地位】翠胶蚧属 *Metatachardia* Chamberlin。

【识别要点】雌成虫胶壳半球形，周缘有 6 个突起，每个突起上有 5~6 个放射状脊，形似贝壳，直径 5~6mm，红褐色至橘褐色。

【生物学】寄生在气生根上。

【寄主】黄檀、垂叶榕、火绳树。

【分布】云南。

为害状

雌成虫胶壳

133. 拟叶奇角胶蚧 *Paratachardina pseudolobata* Kondo & Gullan, 2007

【分类地位】奇角胶蚧属 *Paratachardina* Balachowsky。

【识别要点】雌成虫近梯形，具 4 叶，红色。雌胶壳四角形，前端窄，后端宽，似“X”形，长约 1.5mm，前端宽约 0.8mm，后端宽约 1.1mm，暗红色。前缘、侧缘内凹较深，后缘内凹浅。一龄若虫蜕皮黄白色，在背中部。

【生物学】寄生在枝条上。

【寄主】榄仁树、水黄皮等。

【分布】云南。印度。

雌成虫胶壳

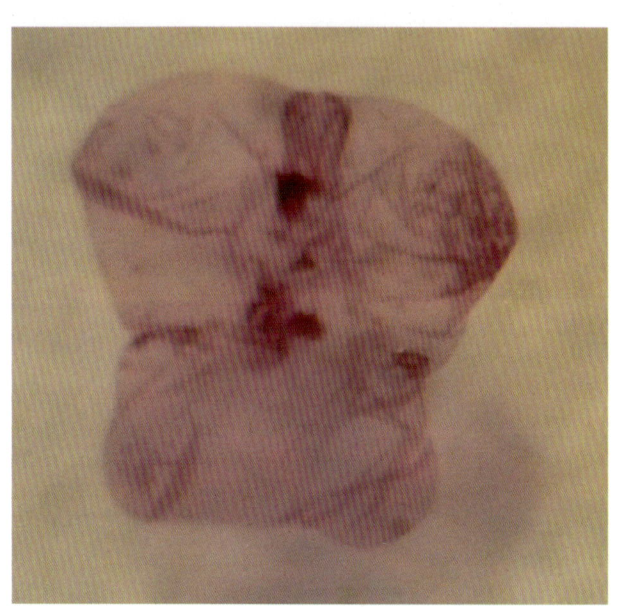

雌成虫玻片标本

134. 茶硬胶蚧 *Paratachardina theae* (Green, 1907)

【异名】*Tachardina theae*。

【别名】黄胶蚧。

【分类地位】奇角胶蚧属 *Paratachardina* Balachowsky。

【识别要点】雌胶壳扁半球形，直径 2.5~4.0mm，大小因寄主和环境而异。紫红色，因常受霉菌附生，表面呈暗红色至黑褐色。表面有 16 条脊起，呈放射状排列。雄胶壳圆筒形，尾部较细，长约 1.5mm，宽约 0.6mm，棕黄色。雌成虫体三叶形，鲜红色。

【生物学】是浙江、江西茶区的重要害虫之一。在浙江杭州，1 年发生 1 代，以雌成虫在寄主枝干上越冬。营两性生殖，卵胎生，每雌产若虫 16~424 头，平均 167 头（朱俊庆，1981）。

【寄主】茶树、杨梅、柿、柑橘、枫香、石楠、栀子等。

【分布】安徽、江西、福建、湖南、广东、广西、浙江、台湾。

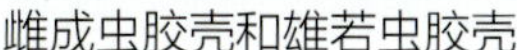
雌成虫胶壳和雄若虫胶壳

为害状

十七、红蚧科 Kermesidae
Gall-like scales

体液红色红蚧科，外形圆球似树芽。
足角小后气门大，栎类枝干见到它。

红蚧科又名绛蚧科。雌成虫体圆球形，背面皮肤坚硬，看不出分节，仅在腹面中部可见分节线；触角细小，4~7 节；足正常或部分足节退化。老熟雌成虫体背高度隆起，腹面内陷与头尾 1~5 个囊状体形成假腹面构成贮卵腔。全世界已知 10 属 91 种，我国 5 属 21 种。分布广泛。专寄生在壳斗科植物枝、干上。

135. 华栗红蚧 *Kermes castaneae* Shi *et* Liu, 1993

【别名】华栗绛蚧、栗绛蚧、栗红蚧、栗球蚧、黑斑红蚧。

【分类地位】红蚧属 *Kermes* Boitard。

【识别要点】雌成虫近球形或半球形，直径 4.0~6.5mm，体色由嫩绿色至淡黄白色变为褐色或紫色。体表有 4~5 条黑色或深褐色横条纹，有的呈不连续的斑点。臀部分泌白色蜡粉和 2 条卷曲的蜡丝。触角 6 节。

【生物学】若虫和雌成虫群集在枝条上。

【寄主】板栗、锥栗、茅栗。

【分布】江苏、浙江、安徽、福建、江西、山东、河南、湖北、湖南、四川、贵州、云南等。

注：按照刘永杰和石毓亮（1993）观点，我国该种以前被错误鉴定为 *Kermes nawae* Kuwana。

雌成虫及为害状

136. 壳点红蚧 *Kermes miyasakii* Kuwana, 1907

【异名】*Kermes tomarii* Kuwana。

【别名】壳点绛蚧、黑绛蚧。

【分类地位】红蚧属 *Kermes* Boitard。

【识别要点】雌成虫球形，直径 3~3.5mm，黄褐色至褐色，淡色个体可见几条黑色横纹或黑点组成的横纹。背面中央的乳状突起上附着有末龄若虫的蜕皮，蜕皮头盔状。臀部常有白色蜡质分泌物。触角和足退化。

【生物学】群居在两年生以上的枝基和枝干皮缝、伤疤处。

【寄主】麻栎、栓皮栎、枹栎。

【分布】辽宁、北京、河北、山东、江苏、安徽、浙江、广东、河南、山西、陕西、四川、贵州。日本，韩国。

早期雌成虫

晚期雌成虫

137. 双黑红蚧 *Kermes nakagawae* Kuwana, 1902

【别名】双黑绛蚧。

【分类地位】红蚧属 *Kermes* Boitard。

【识别要点】雌成虫体横宽，中纵沟明显，肾形，长 3.4~4.6mm，宽 4.7~5.7mm。褐色并有数条黑色横条纹，虫体表面被有一薄层灰白色蜡。

【生物学】寄生在细枝分叉处。

【寄主】麻栎、辽东栎、短柄枹栎。

【分布】北京、山东、山西、吉林。日本，韩国，保加利亚。

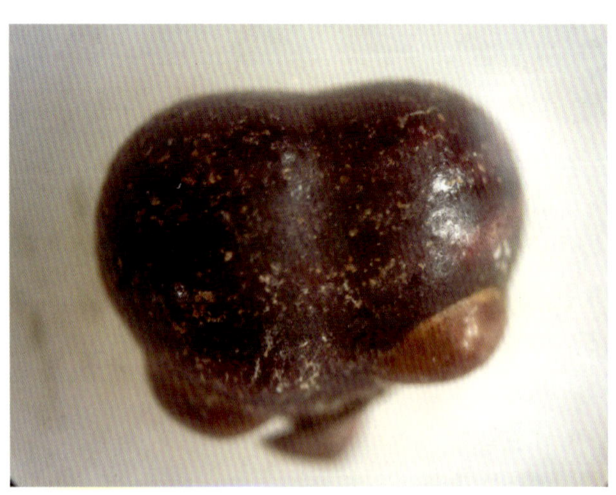

雌成虫

为害状（1）

为害状（2）

138. 黑斑红蚧 *Kermes nigronotatus* Hu, 1986

【分类地位】红蚧属 *Kermes* Boitard。

【识别要点】雌成虫体球形，头窄臀宽，体长8~10mm，宽9~11mm。初期体圆形，淡鲜黄色，有8~9条在背中间断的黄褐色横带，背纵中有几个黑圆点，臀部分泌白色蜡质物。成熟后体变褐色，横带呈黑色，可见3~4条，有的个体黑带退化为不规则黑斑。

【生物学】寄生在枝条叶腋处。

【寄主】麻栎、栓皮栎。

【分布】北京、山东、黑龙江、辽宁。

雌成虫侧面观

雌成虫后面观

139. 日本巢红蚧 *Nidularia japonica* Kuwana, 1918

【别名】日本巢绛蚧。

【分类地位】巢红蚧属 *Nidularia* Targioni-Tozzetti。

【识别要点】雌成虫孕卵前卵圆形，长3~4mm，宽2.5~3.5mm，灰褐色。腹面平，背面略隆起，被有龟裂状分布的白色透明蜡质物。产卵前体膨大，呈梨形，硬化，每体节有瘤状突4~5个，呈龟甲状，上覆断碎的透明蜡层，体腹面分泌鸟巢状白色蜡质卵囊。触角短小，足退化。

【生物学】雌成虫和若虫群居在枝干的皮缝、

伤疤、芽基，以及露在地面的根上。

【寄主】槲栎、麻栎、枹栎、白栎、蒙古栎。

【分布】北京、河北、内蒙古、辽宁、山东、江苏、浙江、湖南、四川、贵州、新疆。日本，韩国。

雌成虫蜡壳、卵囊及为害状（1）

雌成虫蜡壳、卵囊及为害状（2）

十八、刺葵蚧科 Phoenicococcidae
Palm scales or phoenicococcids

雌虫球形刺葵蚧，体微无足害棕榈；
虽然分泌白蜡粉，覆盖不住红虫身。

体小，长约 1.5mm。球形，红色或红褐色。包埋在白蜡里，但露出红色虫体。无足；触角 1 节。体缘有许多皮刺。寄生棕榈科植物。该科目前仅 1 属 1 种。杨平澜（1982）放在本科的藤蚧属 *Thysanococcus* Stickney 现属于棕蚧科 Halimococcidae。

140. 马氏刺葵蚧 *Phoenicococcus malartti* Cockerell, 1899

【异名】*Kermicoides minimus* Tang, 1977。

【英文名称】Red date palm scale。

【分类地位】刺葵蚧属 *Phoenicococcus* Cockerell。

【识别要点】雌成虫近球形，长 1.0~1.5mm，红色或红褐色，无足，触角 1 节。被有大量白蜡粉，但常露出部分虫体。

【生物学】寄生在茎叶上。

【寄主】风尾棕等棕榈科植物。

【分布】上海、山西、河南。

图片引自 United States National Collection of Scale Insects Photographs, USDA Agricultural Research Service, Bugwood.org。

注：此种外形及蜡泌物与隐蚧科榆大盘隐蚧 *Macroporicoccus ulmi* 及粉蚧科安粉蚧属 *Antonina* 的种类相像，因而，汤祊德（1977）将其作为粉蚧科新属新种小鳞粉蚧 *Kermicoides minimus* 记述，但它们的寄主植物有很大不同，可以区别。

雌成虫

为害状

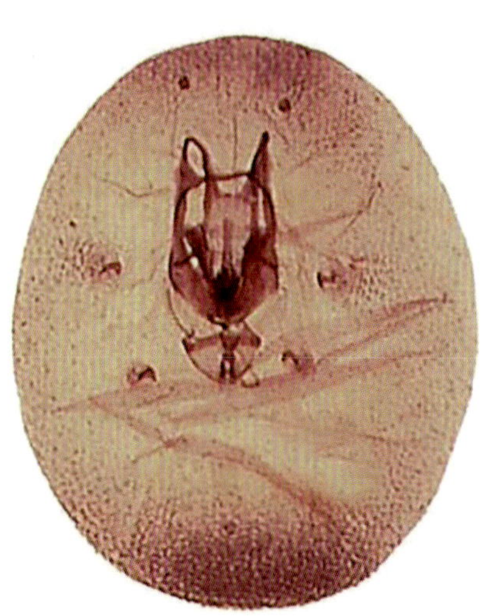
雌成虫玻片标本

十九、棕蚧科 Halimococcidae
Palm scales or halimococcids

雌虫无足棕蚧科，分泌物为硬蜡壳；
肛环简单在体背，为害棕榈植物叶。

体常梨形，偶尔半圆形或椭圆形，但腹末变窄；腹面扁平，背面鼓起；雌成虫和三龄若虫位于雌虫分泌的硬蜡壳中；通常黑褐色或黑色。触角 1 节，足缺；管腺为 8 字腺；二龄雌若虫具肛板。寄生在棕榈科植物叶片上。该科现在有 5 属 21 种。我国记录 2 种：中华藤蚧 *Thysanococcus chinensis* Stickney，寄生在广东白藤上。鳞藤蚧 *Thysanococcus squamulatus* Stickney 发现于广东及香港白藤上。现以露兜藤蚧 *Thysanococcus pandani* 为例说明。

141. 露兜藤蚧 *Thysanococcus pandani* Stickney, 1934

【识别要点】雌成虫梨形，长约 0.5mm。足缺。触角退化。介壳黑褐色，椭圆形，周围有浓密的白色长蜡丝。

图片引自 United States National Collection of Scale Insects Photographs, USDA Agricultural Research Service, Bugwood.org。

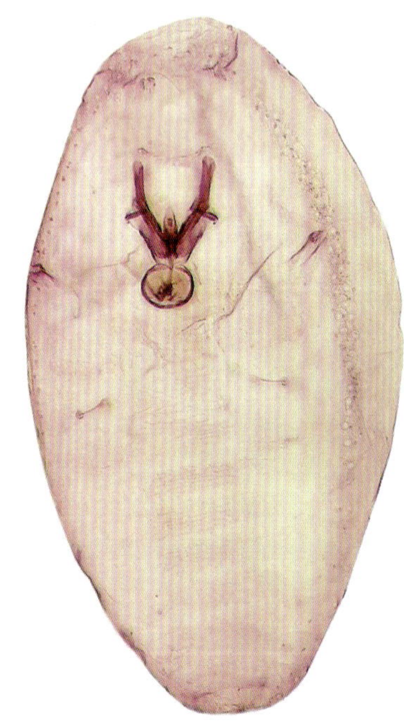

雌成虫玻片标本

为害状

二十、链蚧科 Asterolecaniidae
Pit scales

蜡壳透明链蚧科，触角退化足全缺。
体缘对腺成链带，多食竹类壳斗科。

雌成虫体微小，椭圆形或梨形，分节不明显；触角退化成瘤状；足全缺，或仅留残爪；气门发达，尾瓣不发达。蜡壳透明或半透明，玻璃质，壳缘及背面常具蜡丝。多寄生在禾本科竹类及壳斗科植物上。全世界已知 25 属 247 种，我国已记录 9 属 68 种。

142. 欧洲栎链蚧 *Asterodiaspis ilicicola* (Targioni-Tozzetti, 1888)

【分类地位】栎链蚧属 *Asterodiaspis* Signoret。

【识别要点】雌成虫蜡壳椭圆形，较少为圆形，长约 1.5mm，宽约 1.3mm。背亮黄色，透明，可透视壳下的虫体。略隆起，较光滑，无明显脊纹和颗粒状物。气门路痕迹清晰。腹壳深陷寄主组织中。体缘蜡丝较短。

【生物学】主要寄生在枝条上，零星在叶片上为害。

【寄主】夏栎。

【分布】北京。意大利，法国，西班牙，阿尔及利亚。

注：估计随夏栎苗木引进传入我国。

雌成虫

为害状

143. 日本栎链蚧 *Asterodiaspis japonicus* (Cockerell, 1900)

【别名】日并链蚧。

【分类地位】栎链蚧属 *Asterodiaspis* Signoret。

【识别要点】雌成虫蜡壳近圆形，直径 0.8~1.1mm，尾突明显。背面略突，有很多横脊纹；腹面突起。绿色或黄褐色，半透明，有光泽；体缘蜡丝淡红色。

【生物学】寄生在树皮上。

【寄主】栎类。

【分布】辽宁、河南、台湾。日本，韩国，俄罗斯远东。

雌成虫介壳及为害状

144. 广布竹链蚧 *Bambusaspis bambusae* (Boisduval, 1869)

【别名】竹链蚧、竹斑链蚧。

【英文名称】Bamboo pit scale。

【分类地位】竹链蚧属 *Bambusaspis* Cockerell。

【识别要点】雌蜡壳倒卵形，长 1.5~3.5mm，宽 1.0~2.5mm。背面略突，有时背中线后端有 1 条纵脊。绿褐色或淡黄色，薄而透明，且有光泽。体缘蜡丝和背蜡丝白色或淡紫色。背蜡丝分布在背中线、亚中线和亚缘线上。雌成虫椭圆形，足缺，触角退化。

【生物学】多寄生在茎秆上。

【寄主】刺竹、刚竹、青篱竹、巨竹、箬竹等竹类及石竹、金钟柏等植物。

【分布】江苏、安徽、浙江、江西、湖南、福建、台湾、广东、广西、四川、云南。广布世界热带、亚热带地区。

雌成虫及若虫介壳

为害状（1）

为害状（2）

145. 锡兰竹链蚧 *Bambusaspis coronata* (Green, 1909)

【异名】*Asterolecanium coronatum* Green。

【别名】冠链蚧。

【分类地位】竹链蚧属 *Bambusaspis* Cockerell。

【识别要点】雌蜡壳形似乒乓球拍，长 0.85~1.0mm，宽 0.65~0.85mm。背面高突，两侧直立。背面有 1 条中纵脊和 2 条侧纵脊，中脊直，侧脊弯曲，中、侧脊之间深凹。黄褐色，透明或否。缘蜡丝和背蜡丝皆淡红色至亮红色，背蜡丝在侧脊内排成 12 个或 14 个亚缘群。

【生物学】寄生在茎秆上。

【寄主】刺竹、苏麻竹、绿竹。

【分布】福建、台湾。斯里兰卡。

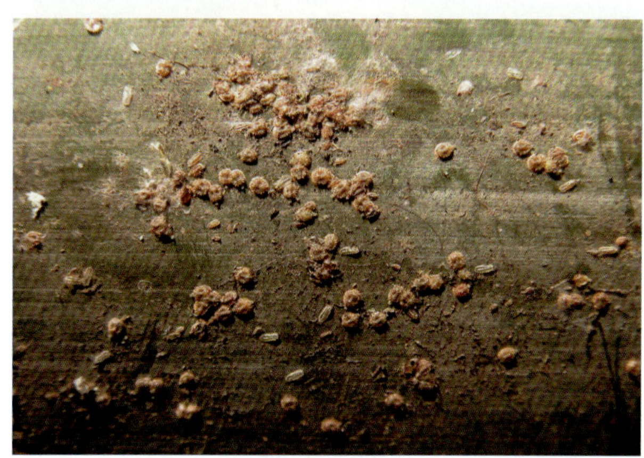

雌蜡壳及为害状

146. 透体竹链蚧 *Bambusaspis delicata* (Green, 1916)

【异名】*Asterolecanium bambusicola* Kuwana，*Bambusaspis delicatus* (Green)。

【别名】透体竹斑链蚧。

【英文名称】Kuwana' s pit scale。

【分类地位】竹链蚧属 *Bambusaspis* Cockerell。

【识别要点】雌蜡壳椭圆形，后端略尖，长 2.0~2.5mm，宽 1.25~1.50mm。背面平或略微隆起。黄褐色，薄而透明，有细网纹。缘蜡丝淡黄色。

【生物学】寄生在叶片背面。

【寄主】刺竹、青篱竹等。

【分布】浙江、福建、四川。日本，斯里兰卡。

雌蜡壳及为害状

147. 半球竹链蚧 *Bambusaspis hemisphaerica* (Kuwana, 1916)

【异名】*Bambusaspis hemisphaericus* (Kuwana)。

【别名】半球竹斑链蚧。

【英文名称】Hemisphaerical pit scale。

【分类地位】竹链蚧属 *Bambusaspis* Cockerell。

【识别要点】雌蜡壳长卵形，长 2.5~3.0mm，宽 1.5~2.0mm。背面高度隆起，头端倾斜坡度大，后部则坡度平缓。绿黄色、黄色，透明、光滑且有光泽。缘蜡丝白色。

【生物学】多寄生在当年新发嫩枝、嫩梢上。

【寄主】刺竹、刚竹、青篱竹等。

【分布】北京、天津、陕西、河南、安徽、江苏、浙江、湖南、广东。日本。

雌蜡壳

148. 广东竹链蚧 ***Bambusaspis notabilis*** **(Russell, 1941)**

【别名】绿竹斑链蚧、贵链蚧、绿竹镣蚧。

【分类地位】竹链蚧属 *Bambusaspis* Cockerell。

【识别要点】雌蜡壳长椭圆形，长 2.5~3.0mm，宽 1.5~1.8mm，背面略突，有 1 条不明显的中纵脊，腹面平，红黄色，薄而透明，缘蜡丝黄色。

【生物学】寄生在叶片背面。

【寄主】淡竹、青篱竹。

【分布】广东、安徽、福建、浙江、江苏、上海、湖北、四川。

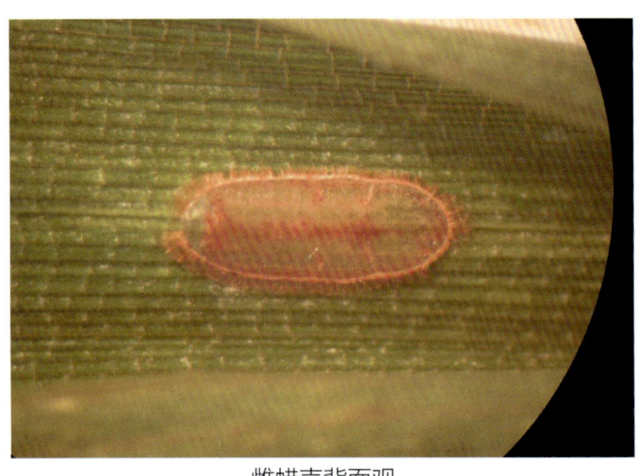
雌蜡壳背面观

雌蜡壳腹面观

149. 远东隐链蚧 ***Endernia despoliata*** **Danzig, 1971**

【分类地位】隐链蚧属 *Endernia* Danzig。

【识别要点】雌成虫近圆形，黄色或黄绿色，老熟时红色，长约 1mm，体上缺链蚧类特征。性腺体 8 字形腺。在寄主枝条上形成椭圆形突起的虫瘿，虫瘿顶端有 1 个圆形开口。蜡壳缺。

【生物学】1 年发生 1 代，以雌成虫越冬。翌年 5 月雌成虫产卵于瘿内。一龄若虫孵化后自瘿顶端开口爬出，并爬行到一年生枝条上，寻找合适场所，固定寄生，成虫寄生在二年生枝条上。

【寄主】蒙古栎。

【分布】辽宁。俄罗斯远东。

在蒙古栎二年生枝条上形成的虫瘿

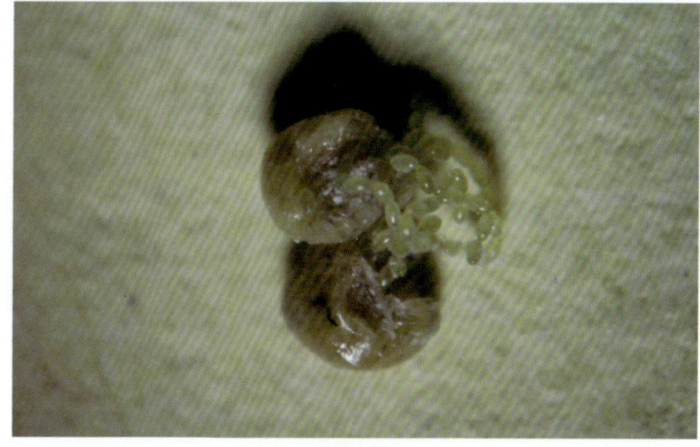

雌成虫

虫瘿内早期的雌成虫

卵粒

虫瘿内的雌成虫（1）

嫩枝上的一龄若虫

虫瘿内的雌成虫（2）

枝条上的二龄若虫

150. 栗新链蚧 *Neoasterodiaspis castaneae* (Russell, 1941)

【异名】*Asterolecanium castaneae*。

【别名】栗树柞链蚧、栗链蚧。

【分类地位】新链蚧属 *Neoasterodiaspis* Borchsenius。

【识别要点】雌蜡壳圆形或卵形，直径约0.8mm，背面稍突，后端平而突出。背面有3条纵脊、数条横褶。黄绿色或黄褐色，透明或半透明，有光泽。缘蜡丝浅红色或近白色，后端略短。

【生物学】寄生在主干、枝条上。1年发生1代，以受精雌成虫在枝干上越冬。常群聚为害，受害部位表皮下陷，造成树皮凸凹不平。

【寄主】板栗、锥栗。

【分布】北京、山东、浙江、江西、江苏、湖北、湖南。

雌蜡壳及为害状

151. 普食珞链蚧 *Russellaspis pustulans* (Cockerell, 1892)

【别名】露链蚧、普露链蚧。

【分类地位】珞链蚧属 *Russellaspis* Bodenheimer。

【识别要点】雌蜡壳卵形或圆形，直径1.25~1.65mm，背面略突，常有1条不明显的中纵脊。绿黄色或浅褐色，背蜡丝白色至红色。雌成虫同形，黄色。

【生物学】寄生在叶片、枝干、果实上。

【寄主】无花果、大叶榕、桑、枇杷、木豆等多种植物。

【分布】福建、台湾、云南。巴基斯坦，伊朗，埃及，美国，墨西哥，中南美洲，南非。

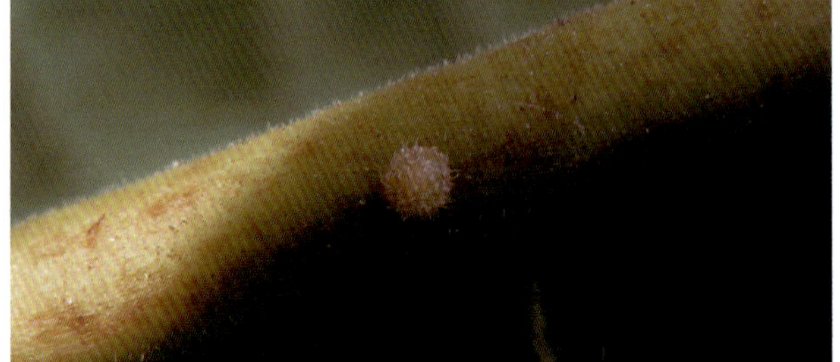

雌成虫背面观

雌成虫腹面观

为害大叶榕叶片

二十一、壶蚧科 Cerococcidae Ornate pit scales

尾瓣发达壶蚧科，触角退化足常缺。
壳有突起似壶嘴，或具蜡角如星尘。

壶蚧科又名壶链蚧科。雌成虫体膜质，梨形，分节不明显；触角退化成瘤状，足消失或呈小突起；胸气门发达，腹部末端有 1 对圆锥状尾瓣。蜡壳坚硬不透明。多寄生在木本植物上。全世界已知 5 属 83 种，我国已知 3 属 14 种。

152. 柑橘蜡壶蚧 *Antecerococcus citri* (Lambdin, 1986)

【异名】*Cerococcus citri* Lambdin。

【别名】柑橘雪链蚧。

【分类地位】蜡壶蚧属 *Antecerococcus* Green。

【识别要点】雌成虫外壳狮头状，长 3.3~4.0mm，宽 2.6~4.0mm。成长后半球形，污白色或黄白色稍带绿色，体背蜡丝有 4 纵列角状束，亚背部 2 列各 4 个，亚缘部 2 列各 5 个。肛孔稍突起。

【生物学】主要寄生于寄主嫩枝上，多在叶腋和嫩枝杈及伤疤处。

【寄主】柑橘、含笑、白兰。

【分布】山东、浙江、江苏。

雌蜡壳

153. 刺蜡壶蚧 *Antecerococcus echinatus* (Wang & Qiu, 1986)

【异名】*Cerococcus echinatus*；*Phenacobryum echinatum*。

【别名】四川蜡链蚧。

【分类地位】蜡壶蚧属 *Antecerococcus* Green。

【识别要点】雌成虫体卵圆形或长卵圆形，长约 3.5mm。蜡壳半球形，灰白色，密布黄褐色、褐色斑点，边缘有一圈呈放射状的长三角形粗蜡刺，背侧有纵向分布的长三角形蜡刺。肛突朝向后方。

【生物学】寄生在枝条上。

【寄主】猪耳桐、构。

【分布】四川、云南。

为害状

雌成虫蜡壳

154. 印度蜡壶蚧 *Antecerococcus indicus* (Maskell, 1897)

【异名】*Phenacobryum indicus*。

【别名】印度壶蚧、印度蜡链蚧。

【分类地位】蜡壶蚧属 *Antecerococcus* Green。

【识别要点】雌成虫外壳狮头状，长 1.7~5.0mm，宽 1.5~4.8mm。初期卵圆形，橙红色，体背有许多长蜡丝；后期半球形，粉红色或污白色，体背蜡丝形成 4 纵列大的角状束，亚背部 2 列各 4 个，亚缘部 2 列各 5 个。肛孔稍突起，活虫从肛孔分泌出几根橙红色长蜡丝。

【生物学】寄生于寄主干、枝上，数量多而密集。

【寄主】扁担杆、扶桑。

【分布】山东、云南、海南、广西。印度，巴基斯坦，马来西亚，缅甸。

早期雌蜡壳

后期雌蜡壳

155. 扁球链壶蚧 *Asterococcus oblatus* Xue *et* Zhang, 1990

【分类地位】链壶蚧属 *Asterococcus* Borchsenius。

【识别要点】雌蜡壳扁球形，藤壶状，长 2.1~3.8mm，宽 2.1~3.5mm，高 0.9~1.9mm。壳顶中凹，内有若虫蜕皮壳，后部管状突向上高过壳顶。浅褐色至深褐色，硬蜡质，上有 6 条放射状白色蜡带从壳顶直至壳底。

【生物学】寄生在粗枝和主干上。

【寄主】含笑、桤木。

【分布】云南、四川。

雌蜡壳

为害状

156. 日本链壶蚧 *Asterococcus muratae* (Kuwana, 1907)

【异名】*Cerococcus muratae* Kuwana。

【别名】藤壶链蚧、日本壶蚧。

【分类地位】链壶蚧属 *Asterococcus* Borchsenius。

【识别要点】雌成虫外壳成长后近圆锥形，长 2.8~3.5mm，宽 3.0~3.5mm，高 2.21~2.8mm。顶端中部具若虫蜕皮，后部有 1 向上的管状突起物，壶状。浅褐色至深褐色，硬蜡质，上有 6 条放射状白色蜡带。

【生物学】寄生在主干和枝条上，个体分散。

【寄主】木兰、含笑、白兰、山茶、栀子、香樟等。

【分布】山东、上海、浙江、江苏、贵州、四川、云南、陕西、西藏、福建。日本，韩国，格鲁吉亚。

雌成虫

雌蜡壳

为害状

蜡壳内的卵

157. 木荷链壶蚧 *Asterococcus schimae* Borchsenius, 1960

【分类地位】链壶蚧属 *Asterococcus* Borchsenius。

【识别要点】雌蜡壳扁壶状，浅褐色，壳顶中凹，有若虫蜕皮，气门白色蜡带从壳顶直达壳底。壶嘴与壳顶几乎在同一水平。雌成虫倒梨形，白色。

【生物学】寄生在小枝上。

【寄主】木荷、杨梅、茶树。

【分布】云南、浙江、贵州。

雌成虫

雌蜡壳背面观

雌蜡壳腹面观

为害状

158. 云南链壶蚧 *Asterococcus yunnanensis* Borchsenius, 1960

【异名】*Cerococcus yunnanensis*。

【别名】云南壶链蚧、云南壶蚧。

【分类地位】链壶蚧属 *Asterococcus* Borchsenius。

【识别要点】雌成虫倒梨形，蜡壳近圆锥形，壳顶尖突，长约3.5mm，宽约3.5mm，高约3.0mm，黄褐色，有放射状白蜡带6条。

【生物学】寄生在茎秆上。

【寄主】栀子、蔷薇、刺梅。

【分布】云南。

为害状

雌成虫蜡壳

159. 榕树圆壶蚧 *Cerochiton ficoides* (Green, 1899)

【异名】*Cerococcus ficoides*；*Phenacobryum ficoides*。

【别名】榕树蜡链蚧。

【分类地位】圆壶蚧属 *Cerochiton* Hodgson & Williams。

【识别要点】雌成虫蜡壳扁柱状，背面近圆形，直径2.0~2.5mm，中区稍凹，周缘有8对蜡突，尾孔突朝向背面。浅褐色至暗褐色。雌成虫倒梨形，尾瓣发达。

【生物学】寄生在枝条上。

【寄主】榕树、茶树、野桐、栀子、杜鹃。

【分布】云南、台湾。印度。

为害状

雌蜡壳

二十二、球链蚧科 Lecaniodiaspididae False pit scales

雌体球形盘蚧科，触角分节足常缺。
形似蚧科有尾裂，对腺存在相区别。

球链蚧科又名盘蚧科。雌成虫体近圆形或椭圆形，膜质，在腹面可见到体节分节线；触角7~10节；足或正常，或退化，甚至消失；腹部末端有尾裂；被有纸质或蜡质分泌物。全世界已知12属82种，我国已记录4属16种。寄生在木本植物上，部分种类在蚁巢内生活。

160. 弥渡雕球链蚧 *Cosmococcus albizziae* Borchsenius, 1960

【别名】合欢雕盘蚧、合欢滇链蚧。

【分类地位】雕球链蚧属 *Cosmococcus* Borchsenius。

【识别要点】雌蜡壳宽椭圆形，长8~9mm，宽约7mm，棕灰色。早期背面略隆起，周缘有20~22个白色蜡突，背面有约14个白色蜡突，构成1条中纵列、2条亚中纵列，同时构成3、4条横列。产卵后体背隆起，这些蜡突常掉落。雌成虫宽椭圆形，红褐色。

【生物学】寄生在枝条和主干上。

【寄主】黄花夹竹桃，合欢等豆科植物。

【分布】云南。

早期雌成虫蜡壳

中期雌成虫蜡壳

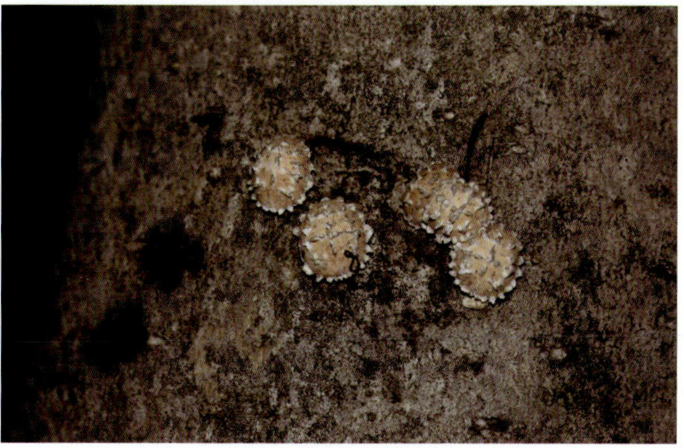
后期雌成虫蜡壳

若虫蜡壳

为害状

161. 雕球链蚧 *Cosmococcus erythrinae* **Borchsenius, 1959**

【别名】雕盘蚧、刺桐滇链蚧。

【分类地位】雕球链蚧属 *Cosmococcus* Borchsenius。

【识别要点】雌蜡壳体椭圆形，长约 4.0mm，宽约 3.2mm，初期体扁平，灰白色，后背面隆起，变为棕色。周缘有 20~22 个蜡突。背面有 1 条中纵脊和 1 条中横脊。脊上有蜡突，亚中区亦有蜡突存在。

【生物学】寄生在枝条上。

【寄主】刺桐、榕树。

【分布】云南。

雌蜡壳（1）

雌蜡壳（2）

雌蜡壳（3）

162. 宾川雕球链蚧 *Cosmococcus euphobiae* Borchsenius, 1959

【别名】戟雕盘蚧、大戟滇链蚧。

【分类地位】雕球链蚧属 *Cosmococcus* Borchsenius。

【识别要点】雌蜡壳近圆形，直径约 6.5mm，灰白色。周缘有 1 圈约 20 个粗短蜡突，背中有一系列小蜡突，亚中区各有 1 列蜡突。初期体扁平，后期体背隆起，蜡突掉落。

【生物学】寄生在茎上。

【寄主】铁海棠、霸王鞭。

【分布】云南。

雌、雄蜡壳

雌蜡壳背面观

雌成虫腹面观

为害状，若虫及死体蜡壳

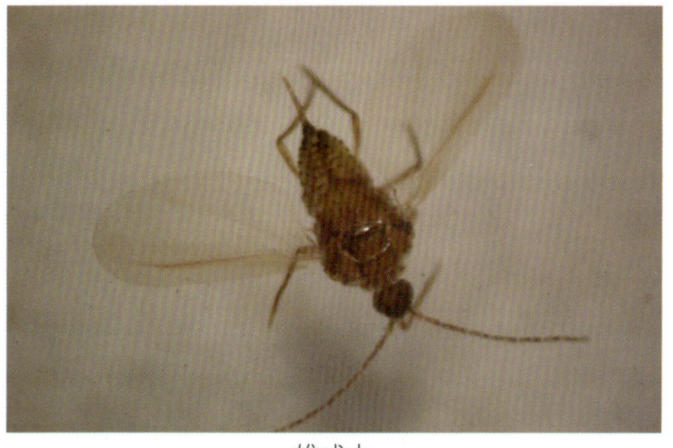
雄成虫

为害状，若虫

163. 景东黍球链蚧 *Prosopophora tingtunensis* Borchsenius, 1960

【异名】*Lecanodiaspis tingtunensis*。

【别名】景东盘蚧、昆明球链蚧。

【分类地位】黍球链蚧属 *Prosopophora* Borchsenius。

【识别要点】雌成虫体椭圆形，体长约2.6mm，体背纸质蜡壳。蜡壳椭圆形，高突，有明显的背中纵脊及每侧由蜡突组成3纵列。早期蜡被白色，后变黄色至褐色。

【生物学】寄生在枝条上。

【寄主】杜英、香樟、天竺桂、柯树、栎。

【分布】云南、贵州。新加坡。

严重为害香樟枝条

早期雌蜡壳

中期及后期雌蜡壳

后期雌蜡壳及若虫

164. 思茅屑球链蚧 *Psoraleococcus costatus* Borchsenius, 1959

【别名】思茅屑盘蚧、思茅球链蚧。

【分类地位】屑球链蚧属 *Psoraleococcus* Borchsenius。

【识别要点】雌蜡壳椭圆形，长约 3.5mm，宽约 2.2mm，浅红色，背中有 1 条白蜡突，两侧亚中区各有 7 条横蜡突，亚缘区各有 5 条横蜡突。

【生物学】寄生在枝条上的蚂蚁巢内。

【寄主】中华锥栗、栗。

【分布】云南、广东。

雌成虫蜡壳

165. 云南屑球链蚧 *Psoraleococcus verrucosus* Borchsenius, 1959

【别名】云南屑盘蚧、云南洋链蚧。

【分类地位】屑球链蚧属 *Psoraleococcus* Borchsenius。

【识别要点】雌成虫宽椭圆形或近圆形，长约 2.5mm，宽约 2.4mm，扁平，红黄色，被有薄蜡粉，背中有 1 个椭圆形的凹陷，凹陷处有时无蜡粉。

【生物学】寄生在枝杈处的举腹蚁巢内。

【寄主】肉桂、九节木。

【分布】云南、贵州、广东。

举腹蚁巢

巢内雌成虫

雌成虫

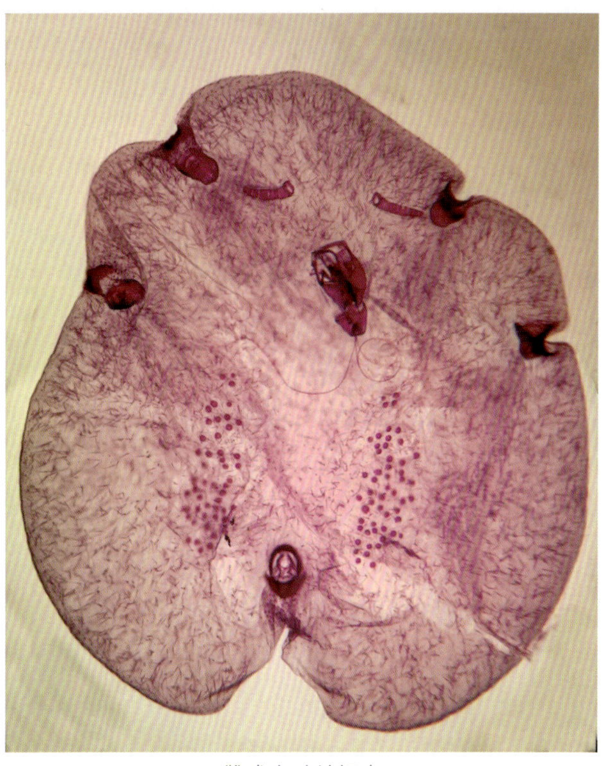
雌成虫玻片标本

二十三、蚧科 Coccidae Softscale，Waxscale

球盔扁形蜡蚧科，有足不动没奈何。
腹部末端具裂缝，两块骨片覆肛门。

蚧科又名蜡蚧科。雌成虫体形和大小不一，触角通常 6~8 节，以第 3 节最长。足多分节正常，但不发达，且多不活动。腹部末端有尾裂，尾裂基部有 1 对硬化骨片，称作肛板，是本科的主要识别要点。体背裸露或被有蜡质分泌物，胸部腹面常有 4 条白蜡粉形成的气门路。雄成虫常紫红色，触角 10 节，每节细长；单眼 4~6 个。腹部末端有 1 对白蜡丝。交配器短，基部粗壮。

蚧科种类若虫及雌成虫早期体形扁平，不易识别。孕卵期和产卵期相对容易识别，主要特征有：①蜡壳有无、质地及形状。②产卵方式：软蚧的卵产在腹部腹面；蜡蚧、盔蚧、球蚧产在虫体腹面；棉蚧产在棉絮状卵囊内。③雌成虫的体形：球形、半球形、梨形、卵形等。④背面的斑纹。⑤寄主植物种类及寄生部位可起辅助识别作用。

一般寄生于植物地上部分，但有的种类寄生于根部。全世界已知 177 属 1 224 种，我国已记录 42 属 104 种。

166. 东方刺棉蚧 *Acanthopulvinaria orientalis* (Nassonov, 1908)

【异名】*Pulvinaria orientalis*；*Rhizopulvinaria iliginiae* Danzig，1972。

【分类地位】软蚧亚科 Coccinae，刺棉蚧属 *Acanthopulvinaria* Borchsenius。

【识别要点】雌成虫体阔椭圆形至近圆形，体长 2.0~2.5mm，宽约 2.0mm。活体浅褐色，死体褐色或暗褐色。背中线隆起，亚缘区有约 10 个突起，大致呈环状。触角 8 节或 9 节。缘刺呈不规则 1~2 列，气门刺和缘刺无区别。背刺粗，数量多。卵囊大，白色。

【生物学】寄生在枝、茎上。

【寄主】梭梭、猪毛菜、艾蒿。

【分布】甘肃、新疆。蒙古，哈萨克斯坦，乌兹别克斯坦，塔吉克斯坦。

雌成虫

卵囊

为害梭梭茎干

167. 红帽龟蜡蚧 *Ceroplastes centroroseus* Chen, 1974

【异名】*Paracerostegia centroroseus*。

【别名】红帽蜡蚧。

【分类地位】蜡蚧亚科 Ceroplastinae，蜡蚧属 *Ceroplastes* Gray。

【识别要点】雌成虫蜡壳广椭圆形，背面隆起，长 3.2~4.0mm，宽 2.5~3.2mm，高 1.9~2.9mm。缘褶灰白色，背中部橙红色。初期若虫干蜡芒被湿蜡包裹，但依然可以观察到外露的干蜡芒端部，头部 3 个（中间 1 个较大），体两侧各 4 个，尾部 2 个，位于缘褶之上。近产卵时，缘褶宽而直，幼龄蜡芒隐约可见。气门白色干蜡带明显。背面红色部分拱起不高，常划分为 3~6 块，每小块有一突起，前端及气门附近的突起特别明显，几呈半球形。雌成虫体淡黄到淡棕色，背上隐约可见 6~7 个肿大部分，还有许多小凹窝。

【生物学】寄生在叶片上。1年发生1代，7月上、中旬产卵，下旬开始孵化。

【寄主】柑橘、丝兰、茶树、甜橙、常春藤、广玉兰、八角金盘、小叶榕。

【分布】云南、贵州、湖南、四川。

雌成虫蜡壳

168. 角蜡蚧 *Ceroplastes ceriferus* (Fabricius, 1798)

【异名】*Gascardia cerifera* (Anderson)。

【别名】大白蜡蚧。

【英文名称】Indian wax scale, Horned wax scale。

【分类地位】蜡蚧亚科 Ceroplastinae，蜡蚧属 *Ceroplastes* Gray。

【识别要点】雌成虫体近圆形，淡红色至暗红色，肛突长锥形，被有含水量较大的湿蜡壳。蜡壳白色，半球形，头端有 1 向前突出的锥状蜡角，是本种的重要识别要点。缘褶明显，前、后气门路上的白色蜡带，随缘褶向上翻卷。干蜡突在头端 3 个，尾端肛门侧 2 个，侧面前后气门蜡带端各 1 个，后侧区每侧 2 个，其基部紧靠在一起。蜡壳长 4~12mm，宽 3~10mm，高 2~8mm。

【生物学】主要寄生在枝条，少数寄生在叶片上。1 年发生 1 代，以雌成虫越冬。行孤雌生殖，虽然有时可见少量雄成虫。在陕西乾县柿树上，5 月下旬至6月上旬为产卵期，每雌平均产卵 4 850 粒。

【寄主】多食性种类。我国常见寄主植物有柿、悬铃木、枸骨、茶树、黄杨、雪松、木兰、玉兰、杜英等。

【分布】国内分布较广，东至东海岸，南至南岭，北可达辽宁，西可达陕西。国外分布于大洋洲、美洲、亚洲东南部及欧洲（英国、意大利、荷兰）。

雌蜡壳背面观

雌蜡壳腹面观

若虫蜡壳

为害状

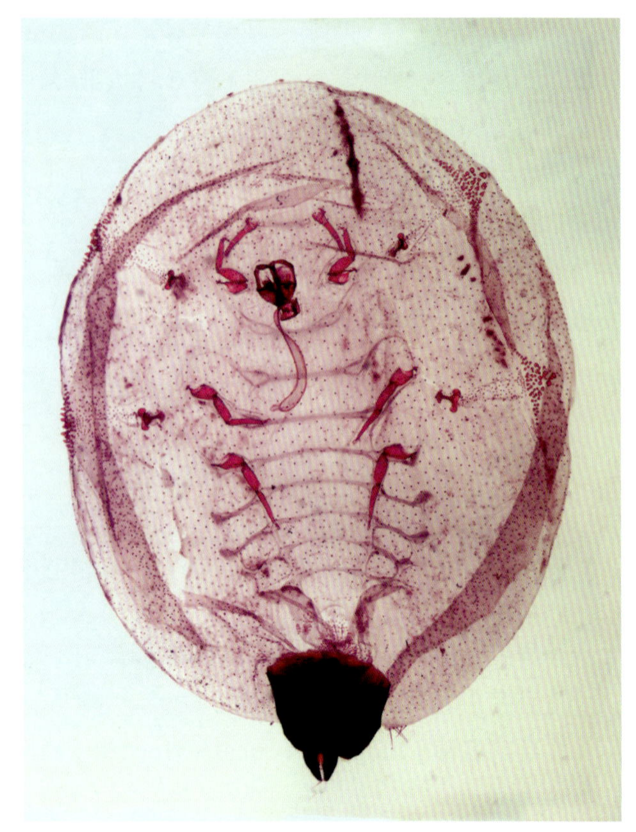

雌成虫玻片标本

169. 藤壶蜡蚧 *Ceroplastes cirripediformis* Comstock 1881

【英文名称】Barnacle wax scale。

【分类地位】蜡蚧亚科 Ceroplastinae，蜡蚧属 *Ceroplastes* Gray。

【识别要点】雌成虫蜡壳污白色至灰白色，周缘蜡层较厚。背面观大多为圆形或椭圆形，有时为不规则形，背面常隆起很高。蜡壳常分为 7 个小的板块，背顶部 1 块，其中央有 1 个暗褐色小凹，一、二龄干蜡帽位于凹内，周缘蜡壳 6 块，每侧 2 块，前后各有 1 块，近方形。初期，小蜡块中央仍可以辨别出一、二龄的干蜡芒，形成蜡眼，内含白蜡堆积物，每小块蜡壳之间有明显的凹痕为界限。体两侧气门处各有 1 个白色气门蜡带。后期蜡壳颜色变暗，呈淡褐色，背面明显突起。蜡壳长 3.5~6.0mm，宽 2.5~5.0mm，高 2.5~5.5mm。雌成虫体黄色至淡褐色，椭圆形，肛突短锥形，尾裂浅。一、二龄蜡壳长椭圆形，白色，背中有 1 个长椭圆形蜡帽，盖住体背大部分，帽顶有 1 横沟，体缘有放射状排列的干蜡芒。

【生物学】雌成虫寄生在枝条上。

【寄主】多食性种类。在我国寄主为假连翘。

【分布】福建、江西、云南、广东、广西、贵州、浙江。印度尼西亚，菲律宾，希腊，意大利，美洲，大洋洲。

雌蜡壳

若虫蜡壳

为害状

170. 佛州龟蜡蚧 *Ceroplastes floridensis* Comstock, 1881

【异名】*Cerostegia floridensis*；*Paracerostegia floridensis*。

【别名】龟蜡蚧。

【英文名称】Florida wax scale。

【分类地位】蜡蚧亚科 Ceroplastinae，蜡蚧属 *Ceroplastes* Gray。

【识别要点】雌成虫体椭圆形，红褐色，有的湿蜡壳前期近矩形，背面隆起不高；后期近圆形，背面高度隆起，分成的板块不明显，灰白色或略带浅红色。缘卷明显。蜡壳长 1.5~4.0mm，宽 1.3~3.5mm，高 1.0~2.0mm。

【生物学】在福建天竺桂、柑橘上1年发生2代，以雌成虫或少数以三龄若虫越冬。未发现雄虫，孤雌生殖。每雌平均产卵 500 余粒。若虫和成虫均寄生在叶片和一、二年生枝条上，无返枝现象。

【寄主】多食性种类。我国已知寄主19科26种，喜食天竺桂、柑橘、栀子、九里香、四季桂、无刺枸骨、阴香、苹果等。

【分布】在我国以前记录很广，但北部记录可能为日本龟蜡蚧的误定。现确知分布地包括浙江、安徽、福建、湖南、湖北、广东、四川、云南、广西、香港、台湾。美洲，亚洲东南部，欧洲，非洲，大洋洲。

雌蜡壳背面观

雌蜡壳腹面观

雌成虫为害枝条

若虫蜡壳

雌成虫为害叶片

171. 日本龟蜡蚧 *Ceroplastes japonicus* Green, 1921

【异名】*Cerostegia japonica*；*Paracerostegia japonica*。

【别名】日本蜡蚧。

【英文名称】Japanese wax scale。

【分类地位】蜡蚧亚科 Ceroplastinae，蜡蚧属 *Ceroplastes* Gray。

【识别要点】雌成虫体椭圆形，腹近末肛突较短，血红色。被有很厚的湿蜡壳。年轻雌体蜡壳长约 2.5mm，宽约 2.0mm，高约 1.0mm，白色。壳背向上盔形隆起，表面有凹线将背面分割成龟甲状板块，形成中央和 8 个边缘板块，每个边缘板块有白色小角状干蜡突。孕卵期虫体和蜡壳背面高度隆起，蜡壳分块逐渐模糊，且从腰部起，先呈现不均匀的红褐色，最后整个蜡壳红褐白相间。一、二龄若虫期和雄蛹仅分泌干蜡，蜡壳雪白色，背面蜡帽覆盖体背大部，周缘有 11 个放射状蜡突，计头部 3 个（中间 1 个明显较大），体侧两边各 2 个，尾部 4 个。蜡突常向上方翘起，端部分为两叉。第三龄雌若虫开始分泌湿蜡，蜡壳与雌成虫蜡壳近似。

【生物学】各地均 1 年发生 1 代，以受精的青年雌成虫在寄主枝条上越冬。多两性卵生繁殖。北京地区 6 月为产卵盛期，每雌可产卵 280~3 100 粒。若虫寄生在叶片正面叶脉两侧，雌成虫羽化后即转移到枝条上。

【寄主】41 科百余种植物，茶树、栀子、枣、柿、月桂、天竺桂、悬铃木等。

【分布】该蜡蚧起源于东亚，现已传到东欧和南欧。在我国分布很广，以华北、华中和华东密度较大。日本，韩国，英国，土耳其，俄罗斯，斯洛文尼亚，荷兰，意大利，匈牙利，法国，亚美尼亚，保加利亚，克罗地亚。

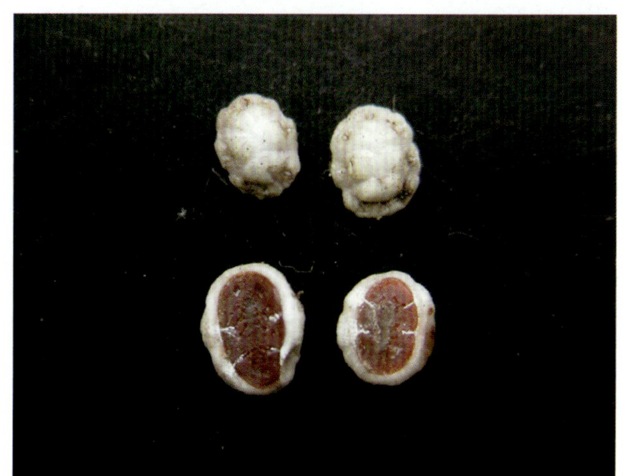

雌蜡壳背、腹面观

若虫蜡壳

为害状

172. 昆明龟蜡蚧 *Ceroplastes kunmingensis* (Tang & Xie, 1991)

【异名】*Paracerostegia kunmingensis* Tang & Xie。

【分类地位】蜡蚧亚科 Ceroplastinae，蜡蚧属 *Ceroplastes* Gray。

【识别要点】雌成虫蜡壳橙红色，背面观近圆形，下部缘卷明显。侧面观背面隆起，呈半球形，若虫干蜡帽被推在背顶一侧。白色气门带明显。干蜡芒头部 3 个，前、后气门带端各 1 个，后侧两边各 2 个，尾部 4 个。蜡壳长 2~3mm，宽 1.5~2.5mm，高 1.5~3.2mm。

【生物学】在云南昆明1年发生1代，以雌成虫在枝条上越冬。产卵期在4月下旬至5月上旬。若虫多寄生在叶片上，成虫羽化后多返回枝条。雄虫未见。

【寄主】海桐、光叶海桐、广玉兰。

【分布】云南。

寄生在枝条上的雌成虫蜡壳

寄生在叶片正面的雌成虫蜡壳

173. 杧果蜡蚧 *Ceroplastes magnificus* (Green, 1930)

【异名】*Vinsonia magnifica* Green；*Ceroplastes magnifica*。

【分类地位】蜡蚧亚科 Ceroplastinae，蜡蚧属 *Ceroplastes* Gray。

【识别要点】雌成虫蜡壳半透明，突起至半球形，基部具7~8个端尖的小突起，头部1个，体两侧各3个，尾部1个短小，有时不明显。背面观近圆形。侧面的前2个蜡突中央均有1小段白色中脊线，此为白色气门蜡带。蜡壳表面有7个分块，背顶1块较大，中央有1个椭圆形凹陷，为一、二龄干蜡帽脱落之痕迹。体侧缘6块，头端1块，两侧各2块，尾端1块较大。这些分块后期变得模糊。蜡壳长6.0~7.5mm，宽5.5~7.0mm，高4.5~6.5mm。虫体褐色至暗褐色，近圆形，具突出的头叶，肛突，圆锥状，黑褐色，严重硬化，向背后横向伸出。

【生物学】雌成虫寄生在枝条上。

【寄主】香杧果、马六甲蒲桃、菠萝蜜。

【分布】国内仅在云南普洱分布，2013年首次在该地发现。

雌成虫蜡壳

174. 默氏蜡蚧 *Ceroplastes murrayi* Froggatt, 1919

【分类地位】蜡蚧亚科 Ceroplastinae，蜡蚧属 *Ceroplastes* Gray。

【识别要点】雌成虫蜡壳乳白色，突起很高，成半球形，周缘基部具 7~8 个端尖的小突起，头部 1 个，体两侧各 3 个，尾部 1 个短小。背面观近圆形。当虫体寄生在较粗枝条上时，体两侧具明显的细长白色气门蜡带。蜡壳表面有 7 个分块，背顶 1 块较大，中央有 1 个椭圆形凹陷，内有一、二龄干蜡帽脱落之痕迹。体侧缘 6 块，头端 1 块，两侧各 2 块，尾端 1 块较大，这些分块用肉眼很难辨清。蜡壳长 13.5~16.0mm，宽 12.0~14.5mm，高 9.0~12.5mm。虫体近圆形，暗黄色至红褐色，头叶稍向前延伸，肛突细长筒形，向体后横向伸出。

【生物学】雌成虫寄生在枝条上。

【寄主】菠萝蜜、灯架树。

【分布】云南、海南、香港。巴布亚新几内亚。

雌成虫蜡壳

雌成虫、若虫蜡壳

175. 饼蜡蚧 *Ceroplastes planus* Wu & Wang, 2019

【分类地位】蜡蚧亚科 Ceroplastinae，蜡蚧属 *Ceroplastes* Gray。

【识别要点】雌成虫蜡壳白色，厚，扁平，背面观圆形，整体观似饼状。蜡壳背面无明显的分块。背中央靠近头缘处有 1 个小突起，一、二龄干蜡帽位于其上；背面靠后处有 1 个小孔，为肛突的开口。体两侧各有 2 条白色气门蜡带。蜡壳直径 1.8~2.8mm，高 1.2~1.8mm。雌成虫体淡黄色至棕褐色。

【生物学】寄生在叶片正面。

【寄主】铁力木。

【分布】云南西双版纳。

保留蜡角的雌成虫蜡壳

蜡角掉落后的雌成虫蜡壳

176. 伪角蜡蚧 *Ceroplastes pesudoceriferus* Green, 1935

【别名】伪白蜡蚧。

【分类地位】蜡蚧亚科 Ceroplastinae，蜡蚧属 *Ceroplastes* Gray。

【识别要点】本种和角蜡蚧蜡壳和虫体形态基本相似。以往国内外学者对其分类有不同的见解，一种认为是两个独立种，一种认为是同一种。分子生物学研究表明二者为不同种，但形态上很难找到稳定且显著的区别特征。微小区别为本种每个气门凹的锥刺数量多，多在 70 根以上，排成 6~8 不规则列。

【生物学】寄生在枝条上。在云南昆明黄杨上，1 年发生 1 代，以雌成虫或三龄雌若虫越冬，孤雌生殖。在台湾南部，1 年发生 3 代。

【寄主】黄杨、八角金盘、含笑、榕树、茶树、鳄梨。

【分布】上海、江苏、湖南、广东、台湾、云南。日本，韩国，印度，斯里兰卡，孟加拉国。

雌成虫蜡壳

177. 留尼汪龟蜡蚧 *Ceroplastes reunionensis* Ben-Dov & Matile-Ferrero, 2000

【分类地位】蜡蚧亚科 Ceroplastinae，蜡蚧属 *Ceroplastes* Gray。

【识别要点】雌成虫卵圆形，前端稍狭窄，尾端钝圆，长约 1.5mm，宽约 1.0mm，气门洼深凹。背面中部隆起，肛突发达，腹面平。背面棕褐色，腹面黄褐色，上有黑色小点。触角、足不可见。背面被有稍显透明的白色（或具一点粉色的）蜡壳。蜡壳背面观宽椭圆形，侧面观背面近扁平，长约 2mm，宽约 1.5mm，高约 1mm。边缘蜡厚、上卷，上包中央略隆起的背壳。背壳顶凹，凹内常有干蜡帽脱落后显示的白斑。气门路上的白蜡粉明显，随边缘蜡上卷，形成两条几近平行的白线。在每气门路线背内端，都有 1 个三角形的小蜡片。另外，在肛突开口两侧有 1 对斜向后上方的三角形大蜡片。

【生物学】寄生在叶片正面。

【寄主】杧果、苏铁、鳄梨、秃柄锦香草、大花假虎刺、二歧鹿角蕨、散沫花。

【分布】广东。留尼汪岛。

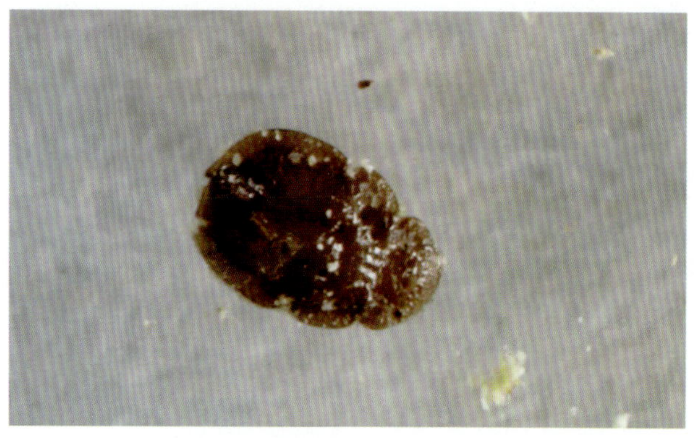

雌成虫背面观（去掉蜡壳）

秃柄锦香草上的雌成虫

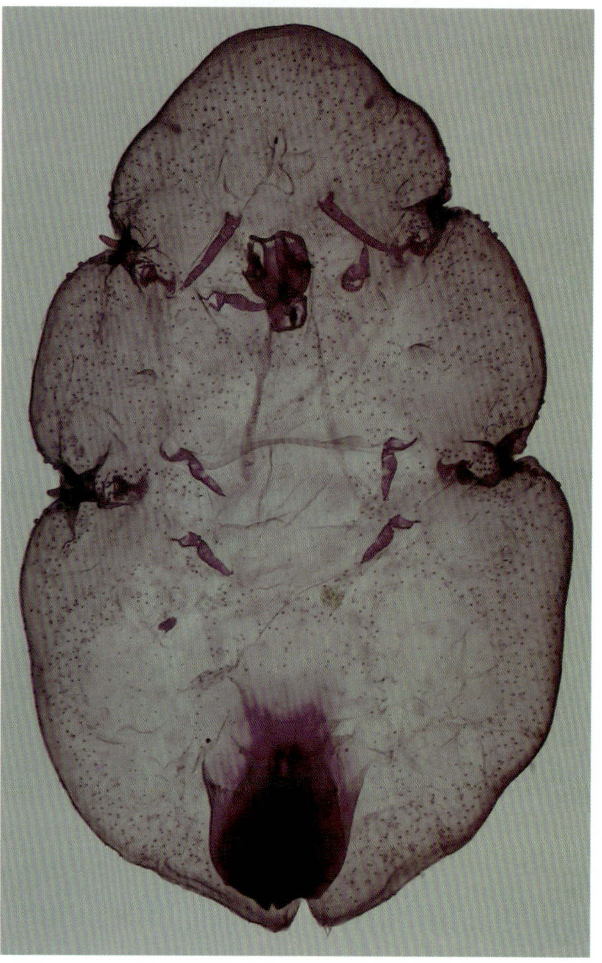

雌成虫玻片标本

雌蜡壳背面观

雌蜡蚧腹面观

178. 红蜡蚧 *Ceroplastes rubens* Maskell, 1893

【异名】*Ceroplastes rubens* var. *minor* Maskell, 1897。

【别名】红龟蜡蚧、大红蜡蚧、松红蜡蚧。

【英文名称】Red wax scale；Pink wax scale。

【分类地位】蜡蚧亚科 Ceroplastinae，蜡蚧属 *Ceroplastes* Gray。

【识别要点】雌成虫体椭圆形，黄褐色至红褐色，幼期表皮膜质，后期较硬化。肛突短锥形。被有粉红色至暗红色湿蜡壳。蜡壳背面观几呈五角形，侧面观半球形。边缘上卷，壳顶中央有1白色凹点。4条胸气门路形成的白蜡带，前两条向前，在头部几乎相接，后两条朝向壳中央，终止于缘褶与壳背中突起交界处。蜡壳长2.0~5.0mm，宽2.5~4.0mm，高1.5~3.5mm。寄生在针叶树针叶上的蜡壳较小，寄生在阔叶树上的蜡壳较大。触角6节。足退化，胫节和跗节愈合。

【生物学】每年发生1代，以受精雌成虫在寄主枝条上越冬。行两性和孤雌生殖。每雌平均产卵200余粒。雌虫多寄生在嫩枝或叶片正面，雄虫多寄生在叶柄或叶片背面，在叶片上虫体多沿主脉两侧分布。在上海，卵的孵化盛期在6月中旬，成虫羽化期在8月中旬。

【寄主】多食性种类。全世界范围内寄主植物78科250多种。在我国常见的有柑橘、枸骨、月桂、冬青、常春藤、广玉兰、茶树、栀子、樟、棕榈、枇杷、雪松。

【分布】华东、中南和西南，北方仅见于温室内。美国，亚洲，非洲，大洋洲，南美洲。

雌成虫蜡壳背面观

雌成虫为害枸骨

雌成虫蜡壳腹面观

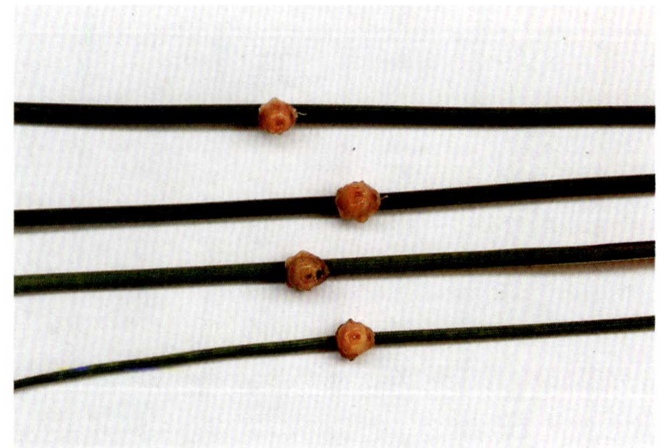

雌成虫为害雪松

179. 无花果蜡蚧 *Ceroplastes rusci* (Linnaeus, 1758)

【别名】榕龟蜡蚧。

【英文名称】Fir wax scale。

【分类地位】蜡蚧亚科 Ceroplastinae，蜡蚧属 *Ceroplastes* Gray。

【识别要点】雌成虫体近圆形，淡褐色。蜡壳白色到淡粉色，稍硬化，周缘蜡层较厚。蜡壳分为9块，背顶1块，其中央有1个红褐色小凹，一、二龄干蜡帽位于凹内，侧缘的蜡壳分为8块，近方形，每侧有3块，前后各有1块；初期每小块蜡壳之间由红色的凹痕分隔开来，每小块中央有内凹的蜡眼，内含白蜡堆积物。后期蜡壳颜色变暗，呈褐色，背顶的蜡壳明显突起，侧缘小蜡壳变小，分隔小蜡壳的凹痕变得模糊。蜡壳长1.5~5.0mm，宽1.5~4.0mm，高1.5~3.5mm。一、二龄若虫蜡壳长椭圆形，雪白色，背中有1长椭圆形蜡帽，帽顶有1个横沟，体缘有约15个放射状排列的干蜡芒。

【生物学】年发生代数因地区而异，每年发生1~4代，以雌成虫在枝条上越冬。一龄若虫沿着叶正面中脉固定吸食，二龄后期部分若虫转移至叶梗或当年生枝条上直至发育成熟。

【寄主】广食性，全世界计有45科约100种寄主。在我国记载的寄主有大叶榕、无花果、土蜜树、榕树和棕榈。

【分布】原产于非洲。我国最早于2012年发现于四川攀枝花和广东茂名，后又在云南采到。阿富汗，越南，印度尼西亚，美国，欧洲，南美洲，非洲。

叶片上雌成虫蜡壳背面观

枝条上雌成虫蜡壳背面观

叶片上雌成虫蜡壳腹面观

枝条上雌成虫蜡壳侧面观

180. 七角星蜡蚧 *Ceroplastes stellifer* (Westwood, 1871)

【异名】*Vinsonia stellifer*（Westwood）。

【别名】七星蜡蚧、海星蜡介壳虫。

【英文名称】Stellate scale, star scale, glassy star scale。

【分类地位】蜡蚧亚科 Ceroplastinae，蜡蚧属 *Ceroplastes* Gray。

【识别要点】雌成虫体被半透明的厚蜡壳，形如七角星状。蜡壳中部高度突起，中央有1椭圆形的、不透明的白蜡壳点，边缘扁平，向外有6~7个辐射状蜡角，前端中央1个，左右两侧各3个，每个蜡角顶端有不透明的、白色锥状蜡突，头端的蜡角在主蜡突基部两侧每侧还有1个小突起，前面两对侧蜡角每个蜡角均有1条明确的白色中脊线。蜡壳末端中部亦有1对白色小蜡突。蜡壳长3.0~5.0mm。雌成虫体卵圆形至六边形，具有突出的头叶，背面尾端有明显的硬化肛突。体色从粉色到紫红色，随年龄增长而变暗，肛突黑褐色。

【生物学】寄生在叶片背面。

【寄主】有22科40余种。主要包括杧果、鹅掌柴、台湾柿、柑橘、龙船花、鳄梨、番樱桃等。

【分布】我国1929年记录于台湾，2010年后又在云南、海南发现。国外分布于印度，印度尼西亚，马尔代夫，巴基斯坦，菲律宾，斯里兰卡，泰国，越南，意大利，荷兰。

雌成虫

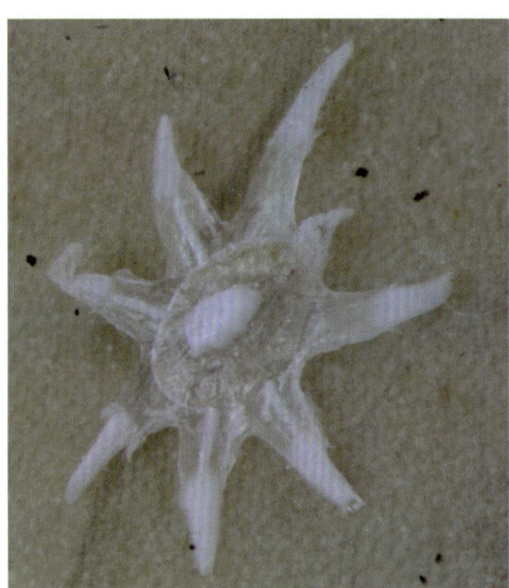
雌成虫蜡壳背面观

雌成虫蜡壳腹面观

为害状（1）

为害状（2）

181. 南亚蚁软蚧 *Coccus formicarii* (Green, 1896)

【别名】蚁盔蚧、蚁珠蜡蚧。

【分类地位】软蚧亚科 Coccinae，软蚧属 *Coccus* Linnaeus。

【识别要点】雌成虫体半球形，直径约 2mm，浅红色至暗红色，背面有许多斑点。

【生物学】寄生在枝条上的蚂蚁窝内。

【寄主】很多，有茶树、山茶、李树、槟榔、菠萝蜜、榕树、樟、木姜子、栀子、白兰、桉树、洋蒲桃等。

【分布】广东、广西、香港、福建、台湾。斯里兰卡，泰国，马来西亚，新加坡，印度尼西亚。

蚂蚁巢

蚂蚁巢内雌成虫

182. 褐软蚧 *Coccus hesperidum* Linnaeus, 1758

【别名】广食褐软蚧。

【英文名称】Brown soft scale。

【分类地位】软蚧亚科 Coccinae，软蚧属 *Coccus* Linnaeus。

【识别要点】雌成虫体扁平或略突起，长约 3.6mm，卵形，左右不对称，体前端较狭，后端稍膨大。体背面颜色变化很大，有黄色、青色、绿色、浅黄褐色或棕色，常有黑点散布，或黑点集成斑块。体背软或略硬化。触角 7~8 节。气门较小。尾裂约为体长 1/4。无明显蜡壳存在。若虫长椭圆形，扁平，前后端几乎相似。黄绿色，背面中部有纵脊纹。

【生物学】寄生在枝条、茎干和叶片上。在温室中每年发生 3~4 代，第 1 代若虫在 5 月末，第 2 代在 7 月中旬，第 3 代在 10 月初孵化，以一、二龄若虫越冬。每雌产卵 70~1 000 粒，卵经数小时即孵化。

【寄主】杨、柳、枫、枣、紫杉、山茶、枇杷、樱桃、苹果、梅、李树、杏、桃等植物。据不完全统计，全世界已知为害约 49 科 170 种植物。

【分布】南方露地和北方温室中。国外广布。

雌成虫背面观

雌成虫腹面观

183. 长椭圆软蚧 *Coccus longulus* (Douglas, 1881)

【异名】*Coccus elongatus* (Signoret)。

【别名】长蚧、长软蜡蚧。

【英文名称】Long brown scale。

【分类地位】软蚧亚科 Coccinae，软蚧属 *Coccus* Linnaeus。

【识别要点】雌成虫体椭圆形，长 2~6mm，背面略突而光滑，早期黄褐色，后期褐色，有许多亮斑。无明显蜡壳存在。

【生物学】常群集于嫩枝、叶片背面及叶柄上。

【寄主】很多，包括相思树、羊蹄甲、金合欢、银合欢、番荔枝、桂花、柑橘等。

【分布】广东、广西、海南、福建、台湾、云南。全世界热带、亚热带地区。

雌成虫

184. 刷毛缘软蚧 *Coccus viridis* (Green, 1889)

【别名】绿蚧、咖啡绿软蜡蚧。

【英文名称】Green scale。

【分类地位】软蚧亚科 Coccinae，软蚧属 *Coccus* Linnaeus。

【识别要点】雌成虫体卵形至长卵形，长 1.3~3.5mm，扁平或稍突，淡绿色，透明，背中可见“U”形或“V”形黑色斑。无明显蜡壳存在。

【生物学】群集在嫩枝和叶片背面靠近基部中脉两侧。

【寄主】龙眼、杧果、柑橘、柚、柠檬、腰果、番石榴等 61 科 150 多种植物。

【分布】广东、广西、福建、台湾、云南、四川、江西、江苏、贵州、湖南。全世界热带、亚热带地区。

雌成虫

蚂蚁取食蚧虫排泄的蜜露

为害状

185. 泰隆筛棉蚧 *Cribropulvinaria tailugensis* Hodgson & Martin, 2001

【分类地位】软蚧亚科 Coccinae，筛棉蚧属 *Cribropulvinaria* Hodgson & Martin。

【识别要点】雌成虫体卵圆形，有时左右不对称，长 3.0~5.0mm, 宽 2.5~4.0mm，扁平，背中有 1 纵脊。早期灰绿色，后期褐色。背面有白色斑点，周缘有细长蜡丝。卵囊棉絮状，背中有 1 纵沟，长可达体长的 1.5 倍。触角退化成瘤突，足缺。

【生物学】寄生在叶片上。

【寄主】银柴。

【分布】广东、香港、云南。

雌成虫及若虫

雌成虫及卵囊（早期）

雌成虫及卵囊（晚期）

为害状

186. 云南双蜡蚧 *Dicyphococcus bigibbus* (Borchsenius, 1959)

【别名】滇双角蜡蚧、肉桂双蜡蚧。

【分类地位】蚌蜡蚧亚科 Cardiococcinae，双蜡蚧属 *Dicyphococcus* Borchsenius。

【识别要点】雌成虫体阔卵圆形，灰棕褐色，被有厚蜡层，在背面形成双角状突起。蜡壳长约3.3mm，宽约 3mm，高约 2mm。

【生物学】寄生在枝条上。

【寄主】肉桂、野牡丹、千斤拔、悬铃木。

【分布】云南。

雌成虫蜡壳

187. 榕树双蜡蚧 *Dicyphococcus ficicola* Borchsenius, 1959

【别名】榕双蜡蚧、榕双角蜡蚧。

【分类地位】蚌蜡蚧亚科 Cardiococcinae，双蜡蚧属 *Dicyphococcus* Borchsenius。

【识别要点】雌成虫体阔卵圆形，灰棕褐色，被有厚蜡层，在背面形成双角状突起。蜡壳长约4mm，宽约 4mm，高约 3mm。

【生物学】寄生在枝条上。

【寄主】榕树。

【分布】云南。

雌成虫蜡壳

雌成虫和若虫蜡壳

188. 朝鲜毛球蚧 ***Didesmococcus koreanus*** **Borchsenius, 1955**

【别名】杏毛球蚧、朝鲜球坚蚧、朝鲜球坚蜡蚧。

【英文名称】Korean apricot scale。

【分类地位】球坚蚧亚科 Eulecaniinae，毛球蚧属 *Didesmococcus* Borchsenius。

【识别要点】雌成虫体近球形，后面垂直，前面和侧面下部亚缘区凹入，长约4.5mm，宽约3.8mm，高约3.5mm。孕卵期体背较柔软，黄褐色；产卵后死体体背高度硬化，黑褐色，有2纵列大凹点。

【生物学】成、若虫均寄生在枝条上取食。在北京地区1年发生1代，以被有白色毡状蜡壳的二龄若虫在寄主枝条上越冬。翌年4月下旬至5月上旬雌、雄成虫出现。两性生殖。主要天敌有黑缘红瓢虫 *Chilocorus rubidus*，其成、幼虫均有很强的捕食毛球蚧若虫的能力。

【寄主】杏、李树、桃、梅、樱桃等蔷薇科植物。华北地区为害杏树最重，常布满枝条。

【分布】广布我国华北、东北、西北和华中地区。朝鲜，韩国。

注：本属另一种中亚毛球蚧 *D. unifasciatus*（Archangelskya, 1923）分布中亚，曾发现于我国内蒙古，寄生在蔷薇科核果类果树枝上，雌成虫体棕褐色，孕卵期体背有黄色横带。触角8节。据此与朝鲜毛球蚧相区别。

早期雌成虫

晚期雌成虫

雄茧

孕卵期的雌成虫

雄成虫

189. 榕扇蚧 *Discochiton expansum* (Green, 1896)

【异名】*Paralecnium expansum* (Green, 1896)。

【别名】荔枝鳞片蚧、榕扇蜡蚧。

【分类地位】软蚧亚科 Coccinae，扇蚧属 *Discochiton* Hodgson & Willimas。

【识别要点】雌成虫宽卵形，前端窄，后端宽，或近圆形，尾端体缘线几乎平直，长 5.0~7.0mm，宽 4.5~6.5mm，扁平，红黄色或黄褐色，体缘有 1 暗褐色缘带，亚缘区有半圆形黄色宽带，背中有透明斑。体背被有薄透明蜡，可裂成多角形蜡片。老熟时体硬化，颜色变暗。

【生物学】寄生在叶片正面。

【寄主】榕树、荔枝、黄檀、桢楠、杨梅等。

【分布】广东、香港、台湾。日本，印度，斯里兰卡，马来西亚，大洋洲。

早期雌成虫

晚期雌成虫背面观

晚期雌成虫腹面观

190. 乳突扇蚧 ***Discochiton papillatum* Hodgson, 2018**

【分类地位】软蚧亚科 Coccinae，扇蚧属 *Discochiton* Hodgson & Willimas。

【识别要点】雌成虫宽卵形，长 4.5~5.5mm，宽 4.0~5.0mm，前期体扁平，暗灰色，周缘有 1 圈黄褐色窄带；后体背中区颜色变浅，亚中区出现半圆形、"U"形至近环形黄色宽带。

【生物学】寄生在叶片正面。

【寄主】鹅掌柴、澳洲鸭脚木、油棕、黄绿贝母兰、胡椒。

【分布】云南。文莱，印度，印度尼西亚，马来西亚。

早期雌成虫

中期雌成虫（1）

中期雌成虫（2）

191. 木豆玻壳蚧 ***Drepanococcus cajani* (Maskell, 1891)**

【异名】*Ceroplastodes cajani*。

【别名】豆箭蜡蚧、木豆箭蜡蚧。

【分类地位】蚌蜡蚧亚科 Cariococcinae，玻壳蚧属 *Drepanococcus* Williams & Watson。

【识别要点】雌成虫体椭圆形，橄榄褐色，长 2~3mm，宽 1.5~2.2mm。体被脆玻璃质蜡壳，表面有许多不规则的颗粒。壳后有一开口。

【生物学】寄生在叶片和嫩枝上。

【寄主】木豆、羊蹄甲、野桐、相思子、咖啡等。

【分布】海南、广西、香港、台湾、福建、广东。印度，斯里兰卡，巴基斯坦，马来西亚。

叶片背面的雌成虫蜡壳

枝条上的雌成虫蜡壳

雌成虫及卵囊（1）

枝条上的若虫蜡壳

雌成虫及卵囊（2）

192. 锡兰玻壳蚧 ***Drepanococcus chiton*** **(Green, 1909)**

【异名】*Ceroplastodes chiton*。

【别名】榕箭蜡蚧。

【分类地位】蚌蜡蚧亚科 Cariococcinae，玻壳蚧属 *Drepanococcus* Williams & Watson。

【识别要点】雌成虫体椭圆形，橄榄褐色。蜡壳长椭圆形，后端变窄，背面高度隆起，个体背被有玻璃状略带绿色的蜡壳。周缘为1圈小型不规则斑点；中区为左右对称分布的较为规则的多角形大斑块，大致10行，每行6蜡块上常有白色颗粒及细蜡丝，特别在缘区和亚缘区较多。气门刺很长。

【生物学】雌成虫生活在树枝上，雄虫在叶片背面结茧。

【寄主】榕树、山扁豆、白楸、石栗、无花果。

【分布】台湾、广东、海南。印度，斯里兰卡，巴基斯坦，马来西亚。

雌成虫

雌成虫蜡壳

雄茧

雄成虫

为害状

193. 越南类白蜡蚧 *Ericeroides zaitzevi* Danzig, 1990

【分类地位】球坚蚧亚科 Eulecaniinae，类白蜡蚧属 *Ericeroides* Danzig。

【识别要点】雌成虫刚羽化时体阔椭圆形，背面稍突，黄色；孕卵后体球形，长 3~6mm, 宽 2~5mm, 高 2~4mm, 背中线有 1 条前沟，活体浅褐色或黄褐色，背面 8 纵列大小不等的黑斑点，侧缘有 1 圈窄褐色带。死体褐色至深褐色。触角 6 节，足正常发达。

【生物学】寄生在枝条上。

【寄主】木兰、玉兰、香樟。

【分布】云南。越南。

刚羽化的雌成虫

孕卵期的雌成虫

死体雌成虫

194. 白蜡蚧 *Ericerus pela* (Chavannes, 1848)

【别名】中国白蜡蚧、白蜡虫。

【英文名称】Chinese white wax scale；Chinese wax insect；pela insect。

【分类地位】球坚蚧亚科 Eulecaniinae，白蜡蚧属 *Ericerus* Guerin-Meneville。

【识别要点】雌成虫体半球形，黄褐色，具有不规则的黑斑；死体体背变硬，黑斑不显，光亮暗褐色。体长约 10mm，高 7~8mm。触角 6 节。足小。尾裂深。雄若虫化蛹之前，分泌白色蜡茧；大量的蜡茧黏结在一起，形成厚厚的一层蜡，包裹枝条，是野外识别本种的重要特征。

【生物学】1 年发生 1 代，以受精而尚未成长的雌成虫在枝条上越冬。卵产在雌成虫身体腹面凹陷的卵腔内。初龄若虫寄生在叶片上，二龄后期转移至枝条上。二龄雄若虫分泌的白色蜡泌物，经熬煮加工，可制成我国特有的虫白蜡中国蜡，供工业、医药用。

【寄主】木樨科女贞属、白蜡属、冬青属、漆树属等 20 余种植物。

【分布】在我国分布很广，从西藏聂拉木县樟木镇到东海之滨，从海南到吉林都能生存。日本，韩国，俄罗斯远东，巴西。

注：该种虽因其雄虫分泌之蜡为人们所用而成为重要的资源昆虫之一，但其对寄主植物的为害不容忽视。在非产蜡区，该蚧近年来已成为金叶女贞等园林植物的重要害虫，可造成大片死亡的情形发生。

雌成虫及雄茧聚成的白蜡

孕卵前的雌成虫

产卵期的雌成虫

为害状

195. 羊茅绒茧蚧 *Eriopeltis festucae* (Fonscolombe, 1834)

【别名】大绒蚧、背刺禾毡蜡蚧、狐茅背刺毡蜡蚧。

【英文名称】Cottony grass scale。

【分类地位】绒茧蚧亚科 Eriopeltinae，绒茧蚧属 *Eriopeltis* Signoret。

【识别要点】雌成虫体常为长椭圆形，体长 3~9mm，宽 1~2mm，活体多为黄色或黄红色。体背生有许多截锥状刺。产卵后虫体被白色毡状卵囊包围，卵囊长椭圆形，有许多粗蜡丝从卵囊上放射状穿出。

【生物学】寄生在叶片正面。

【寄主】羊草、羊茅、冰草、短柄草、拂子茅、莎草、野古草。

【分布】宁夏、内蒙古、山西、甘肃、贵州、湖北、广东。韩国，中亚至蒙古，欧洲，北美洲。

卵囊

雌成虫背面观

雌成虫腹面观

196. 龟背网纹蚧 *Eucalymnatus tessellatus* (Signoret, 1873)

【别名】网蜡蚧、龟网蚧。

【英文名称】Tessellated scale。

【分类地位】软蚧亚科 Coccinae，网纹蚧属 *Eucalymnatus* Lindinger。

【识别要点】雌成虫体椭圆形或梨形或不规则三角形，长3~4mm，宽2~3mm，常左右不对称，扁平，红褐色至黑褐色。硬化的体背有许多多角形的板块，中部有中纵脊。没有明显的蜡壳。

【生物学】在叶片和枝条上，在叶上多沿叶脉寄生。

【寄主】杧果、月桂、海棠、樟、梧桐等55科120多种植物。

【分布】广东、广西、福建、台湾、海南、云南、贵州、江苏、上海、浙江、安徽、新疆、西藏。世界广布。

雌成虫

雌成虫和若虫

197. 樱桃球坚蚧 *Eulecanium cerasorum* (Cockerell, 1900)

【英文名称】 calico scale。

【分类地位】 球坚蚧亚科 Eulecaniinae，球坚蚧属 *Eulecanium* Cockerell。

【识别要点】 雌成虫体半球形，直径 6.0~9.0mm，暗褐色，背面有黄白斑块成纵列。无明显蜡壳。

【生物学】 雌成虫寄生在枝条上，多在分叉处。

【寄主】 桃、杏、樱桃、苹果、玉兰、三角枫等落叶树。

【分布】 山西、上海。日本，朝鲜，韩国，土耳其，美国。

雌成虫（1）

雌成虫（2）

198. 白桦球坚蚧 *Eulecanium douglasi* (Sulc, 1895)

【别名】 道格拉斯球坚蚧。

【英文名称】 currant soft scale。

【分类地位】 球坚蚧亚科 Eulecaniinae，球坚蚧属 *Eulecanium* Cockerell。

【识别要点】 产卵前雌成虫体短或长椭圆形，褐色，并有暗色花斑；产卵后雌成虫背面突起，前宽而陡，后部倾斜，褐色有光泽，凹点很多。体长 5~9mm，宽 4~7.5mm，高 4~4.5mm。本种随不同寄主体形不同。同时，不同个体间体形及色泽有差异。触角 7 节。

【生物学】 寄生在枝条上。

【寄主】 榆树、桦树、小叶杨。

【分布】 宁夏、新疆。俄罗斯远东，欧洲。

雌成虫死体

199. 瘤大球坚蚧 *Eulecanium giganteum* (Shinji, 1935)

【异名】*Eulecanium gigantea*。

【别名】枣大球蚧、瘤坚大球蚧、枣球蜡蚧。

【分类地位】球坚蚧亚科 Eulecaniinae，球坚蚧属 *Eulecanium* Cockerell。

【识别要点】雌成虫成熟时体背面红褐色，带有整齐之黑灰色斑，花斑图案为：一中纵带，二条锯齿状缘带，二带间有 8 个斑点排成一亚中或亚缘列，此时虫体多向后倾斜，体背有毛绒状蜡被；至受精产卵后，体几呈半球形，全体硬化变成黑褐色，红色花斑及绒毛状蜡被均消失，体背基本光滑呈亮黑褐色。最大个体体长达 18.8mm，宽达 18mm，高达 14mm。触角 7 节。

【生物学】每年 1 代，以二龄若虫在枝条上越冬。雄成虫 4 月下旬开始羽化；雌成虫发生在 4 月下旬至 5 月下旬。若虫转移越冬前，主要为害叶片，尤以叶背为多；转移越冬后的若虫和雌成虫只为害枝条，主要为害一、二年生枝条。

【寄主】柠条、杨、栾树、槭树、榆树、柳、刺槐、国槐、紫穗槐、枣、核桃、玫瑰、苹果、梨、酸枣、榔榆、海棠、桃、杏、珍珠梅等。

【分布】山西、北京、河北、河南、山东、安徽、江苏、陕西、甘肃、宁夏、新疆。日本，俄罗斯。

国槐上的雌成虫

雌成虫腹面观

雌成虫侧面观

产卵后的雌成虫腹面观

死体

枣树上的雌成虫

200. 榆皱球坚蚧 *Eulecanium kostyleyi* Borchsenius, 1955

【别名】榆球坚蚧、榆大球蚧、榆球蜡蚧。

【分类地位】球坚蚧亚科 Eulecaniinae，球坚蚧属 *Eulecanium* Cockerell。

【识别要点】产卵前雌成虫橙红色或红褐色，沿背中有一褐色连续纵带，其两侧各有1条点状带，整个体缘黑暗。被寄生个体光滑明亮，死体褐色，背部极度皱褶。体直径5~7mm。触角7节。

【生物学】寄生在枝条上。

【寄主】榆树。

【分布】北京、宁夏、内蒙古、黑龙江、辽宁、山东、山西。蒙古，朝鲜，韩国，俄罗斯。

雌成虫（1）

雌成虫（2）

为害状

201. 皱大球坚蚧 *Eulecanium kuwanai* (Kanda, 1934)

【别名】槐花球蚧、桑名球坚蚧、皱大球蚧。

【分类地位】球坚蚧亚科 Eulecaniinae，球坚蚧属 *Eulecanium* Cockerell。

【识别要点】雌成虫体半球形，体长和宽6.5~7.0mm，高5.6mm左右；体背淡黄褐色，具整齐黑斑，中间具一黑纵带，两侧由6个黑色斑组成侧纵带各1条；产卵前花纹较明显，产卵后体壁明显皱缩硬化，呈黄褐色。触角7节。

【生物学】每年1代。以二龄若虫固定在嫩枝干凹陷处群集越冬。4月上旬大批若虫沿树枝干向幼嫩枝条扩散，雌成虫于5月中、下旬孕卵，5月下旬雌成虫开始产卵，6月上旬为产卵盛期，6月中旬若虫大量孵化，是化学防治适期。初孵若虫爬行转移到叶片和嫩枝上刺吸为害，叶片正、反面均有，多集中在叶背面主脉两侧。10月上、中旬寄主落叶前，叶片上的若虫再次转移到幼嫩干枝上越冬。

【寄主】国槐、刺槐、榆树、杨、柳、李树、桃、沙果、苹果、文冠果、杜梨、槭树、柠条等。

【分布】北京、河北、河南、山东、山西、陕西、甘肃、宁夏等。日本。

雌成虫活体

雌成虫死体

202. 泛布大脚蚧 *Kilifia acuminata* (Signoret, 1873)

【别名】尖软蜡蚧。

【英文名称】Acuminate scale。

【分类地位】软蚧亚科 Coccinae，大脚蚧属 *Kilifia* De Lotto。

【识别要点】雌成虫体为不规则三角形，左右不对称，头端窄钝，尾端宽圆，扁平而薄，淡绿色至黄绿色，长约2mm，宽约1.5mm。尾裂很长，约为体长的1/3。前足明显小于中、后足。没有明显的蜡壳。

【生物学】在叶片上常沿叶脉寄生。

【寄主】杧果、栀子、紫金牛、冬青、重阳木等。

【分布】云南、海南、台湾。

注：同属种贵州大脚蚧 *K. guizhouensis* Qin *et* Gullan 前足明显小于中、后足。

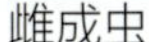
雌成虫

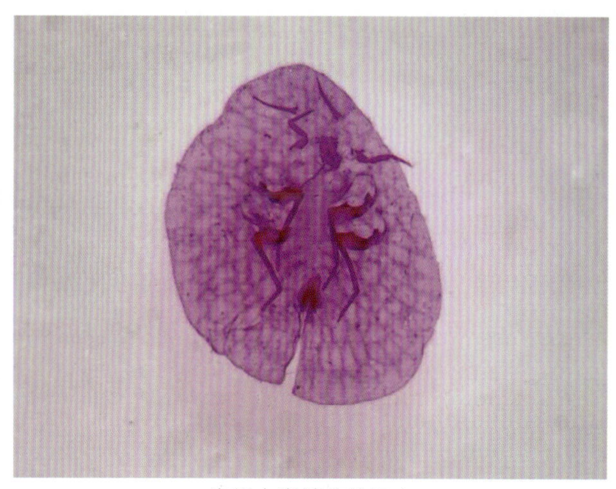
贵州大脚蚧玻片标本

203. 南非大脚蚧 *Kilifia deltoides* De-Lotto, 1965

【别名】南非克里蚧。

【分类地位】软蚧亚科 Coccinae，大脚蚧属 *Kilifia* De Lotto。

【识别要点】雌成虫体梨形，长 1.6~2.6mm，宽 1.4~2.1mm，扁平，幼体绿色，体背有黑色斑点呈不规则放射状排列，有白色蜡粉形成网纹状。

【生物学】寄生在叶片背面。

【寄主】杧果、番石榴、木奶果、银柴等。

【分布】云南。马来西亚，南非。

年轻雌成虫

中期雌成虫

雌成虫腹面

204. 无患小棉蚧 *Leptopulvinaria sapinda* He, Han & Wu, 2018

【分类地位】软蚧亚科 Coccinae，小棉蚧属 *Leptopulvinaria* Kanda。

【识别要点】雌成虫长椭圆形，头部稍窄，左右常不对称，扁平，长 2.2~5.3mm，宽 1.2~3.0mm，幼期白色或浅黄色，后变为黑褐色，除中线外背部有网纹；老熟个体体黑色，具有 1 条黄色纵中带。卵囊白色，棉絮状，出自腹部腹面。

【生物学】雌成虫和若虫在叶片上沿叶脉寄生。产卵时，雌成虫爬到主干和大枝条上分泌卵囊产卵。

【寄主】无患子。

【分布】上海、江苏。

雌成虫在主干上聚集产卵

雌成虫

雌成虫为害叶片

205. 双毛鲁丝蚧 *Luzulaspis bisetosa* Borchsenius, 1952

【分类地位】绒茧蚧亚科 Eriopeltinae，鲁丝蚧属 *Luzulaspis* Cockerell。

【识别要点】雌成虫体红褐色，椭圆形，两侧近平行，头部和尾部成半球状，成虫体背部高凸，长 2.8~3.3mm，宽 1.1~1.3mm，长是宽的 2~3 倍。卵囊白色，棉絮状，细长，两侧平行，长 6.5~8.8mm。

【生物学】寄生在叶片正面。

【寄主】薹草、地杨梅。

【分布】北京。日本，朝鲜，俄罗斯远东。

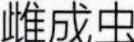
雌成虫

为害状

卵囊

206. 中华马络蚧 ***Mallococcus sinensis*** **(Maskell, 1897)**

卵囊

【别名】中华山球链蚧。

【分类地位】菲丽蚧亚科 Filippiinae，马络蚧属 *Mallococcus* Maskell。

【识别要点】雌成虫体椭圆形，红褐色，个体小，体背盖有脆质蜡壳。

【生物学】产卵时分泌毡状卵囊包裹虫体，产浅黄色卵于其中，随着卵积累在虫体后，虫体向前收缩。产卵终止后，虫体约占卵囊的 1/3。卵囊上分泌有许多长蜡丝。卵囊多在小枝上，少数在叶片上。5 月，卵多孵化为小若虫。

【寄主】紫珠。

【分布】上海、香港。

207. 蔓荆马络蚧 *Mallococcus vitecicola* Young, 1985

【别名】蔓荆山球链蚧。

【分类地位】菲丽蚧亚科 Filippiinae，马络蚧属 *Mallococcus* Maskell。

【识别要点】雌成虫体椭圆形，早期白色，后色变暗，但背中线和边缘色浅。卵囊毡状、白色，有不明显横纹。

【生物学】产卵前寄生在叶片背面，产卵时爬行到主干、枝条缝隙内分泌毡状卵囊，产卵其中。

【寄主】蔓荆、月季、茵陈蒿、木槿、海棠、荆条。

【分布】北京、江西、福建、河南、上海。

早期雌成虫

晚期雌成虫

撕开的卵囊，示向前收缩的雌成虫

卵囊

枝条上的卵囊

208. 北海大棉蚧 *Megapulvinaria beihaiensis* Wang & Feng, 2012

【分类地位】软蚧亚科 Coccinae，大棉蚧属 *Megapulvinaria* Young。

【识别要点】雌成虫体长椭圆形，长 2.1~3.2mm，宽 1.3~1.7mm，背中常有 1 纵脊，黄棕色或深棕色。产卵期背面被有颗粒状白蜡粉，周缘有白色蜡丝。卵囊细长，棉絮状，背面具有 3 条纵沟，中纵沟深而明显。

【生物学】寄生在嫩枝和叶片上。

【寄主】龙船花。

【分布】广西。

雌成虫及卵囊

雄茧

209. 亚洲大棉蚧 *Megapulvinaria maxima* (Green, 1904)

【异名】*Macropulvinaira maxima*。

【别名】巨绵蚧、平刺巨绵蜡蚧、油桐大棉蚧。

【分类地位】软蚧亚科 Coccinae，大棉蚧属 *Megapulvinaria* Young。

【识别要点】雌成虫体椭圆形，长约 10mm，扁平，初期灰绿色，后期红褐色，四周橘黄色，边缘有黑点呈放射状排列，体缘有细长白色蜡丝。卵囊白色，很长，可达 15~20mm。

【生物学】寄生在嫩枝上。

【寄主】油桐、桑、菠萝蜜、木豆、算盘子、变叶木。

【分布】云南、湖南、河南、四川、广西、台湾。印度，斯里兰卡，菲律宾。

雌成虫

卵囊

210. 日本卷毛蚧 *Metaceronema japonica* (Maskell, 1897)

【别名】日本卷毛蜡蚧、油茶绵蚧、油茶刺绵蚧、茶瘤毡蚧、茶蚁绵介壳虫。

【英文名称】Curling thread scale。

【分类地位】菲丽蚧亚科 Filippiinae，卷毛蚧属 *Metaceronema* Takahashi。

【识别要点】雌成虫体卵圆形，长 1.8~4.5mm，宽 1.2~3.0mm；腹面扁平，背部隆起，被 2 块弹簧状白色卷曲蜡丝覆盖；触角 8 节。二龄雌若虫背脊出现 2 块弹簧状卷曲蜡丝；雄若虫分泌带有白色卷曲蜡毛的蜡壳。

【生物学】以雌成虫和若虫在叶背或小枝上刺吸汁液为害。1 年发生 1 代，受精雌成虫主要在主干基部，其次在小枝、叶片上越冬。

【寄主】茶树、油茶、山茶、柃木、山矾、枸骨、钝齿冬青、全缘冬青、小叶黄杨。

【分布】浙江、江西、湖南、贵州、四川、云南、台湾。日本，朝鲜，韩国，瑞典，美国。

雌成虫背面观

雌成虫腹面观

卵囊

雌成虫及蜡泌物

雄若虫蜡壳

211. 杧果黏棉蚧 *Milviscutulus mangiferae* (Green, 1889)

【异名】*Protopulvinaira mangiferae* (Green)。

【别名】杧果原绵蜡蚧、三角软蜡蚧、薄软蚧。

【英文名称】Mango shield scale。

【分类地位】软蚧亚科 Coccinae，黏棉蚧属 *Milviscutulus* Williams & Watson。

【识别要点】雌成虫体近三角形，长 2~4mm，宽 1.5~3.5mm，头端钝狭，尾端宽圆，扁平或微突，早期黄绿色，后期褐色，中部有红褐色斑点。尾裂长为体长的 1/4~1/3。没有明显的蜡壳。

【生物学】寄生在叶片、果实上。

【寄主】杧果、海桐、菠萝蜜、榕树、柚、番石榴等。

【分布】浙江、广东、海南、云南、台湾、香港。斯里兰卡，印度，巴基斯坦，泰国，马来西亚，新加坡，菲律宾，以色列，美洲，非洲。

雌成虫

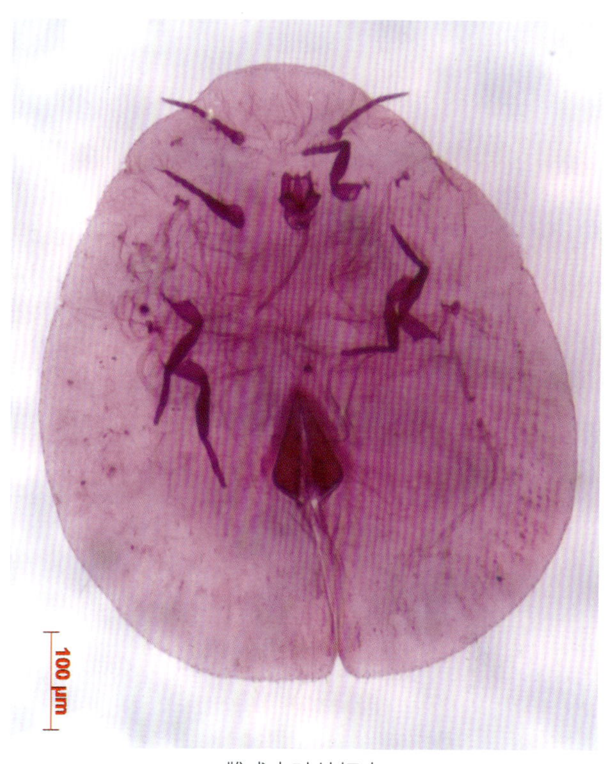

雌成虫玻片标本

212. 四川僧蜡蚧 *Mitrococcus celsus* Borchsenius, 1959

【别名】峨眉锥蜡蚧。

【分类地位】蚌蜡蚧亚科 Cardiococcinae，僧蜡蚧属 *Mitrococcus* Borchsenius。

【识别要点】雌成虫体椭圆形，背面高突，暗褐色。触角和足高度退化。蜡壳半透明，锥形，淡褐色，从顶端向四周壳缘有放射状线条，顶端为椭圆形亮斑。蜡壳长 4.0~4.5mm，宽约 4.0mm，高 2.0~4.0mm。

【生物学】在叶片上多沿叶脉寄生。

【寄主】木姜子。

【分布】广东、四川。

为害状

雌成虫蜡壳

213. 华东脆蜡蚧 *Paracardiococcus huadongensis* **Wu, 2009**

【分类地位】蚌蜡蚧亚科 Cardiococcinae，脆蜡蚧属 *Paraardiococcus* Takahashi。

【识别要点】雌成虫体近圆形，背面中央隆起，黄色，具褐色小斑点。被有透明蜡壳。蜡壳长约 1.4mm，宽约 1mm，高约 0.9mm，中央呈屋脊状凸起。周缘有白色细蜡丝。

【生物学】寄生在枝条上。

【寄主】木姜子。

【分布】浙江。

雌成虫蜡壳

214. 海南鳞片蚧 *Paralecanium hainanensis* **Takahashi, 1942**

【别名】海南扇蚧、琼扇蜡蚧。

【分类地位】软蚧亚科 Coccinae，鳞片蚧属 *Paralecanium* Cockerell。

【识别要点】雌成虫体阔卵形，左右不对称，长约 2.3mm，宽约 2.1mm。体扁平，早期橘红色，背表皮稍硬化，背中有 1 光滑的稍稍隆起的纵脊，并向两侧有横脊伸出；后期背面很硬化，黑褐色或带红色，边缘有放射状短横线，被有一薄层透明蜡。足小。缘毛鳞片状或扇形。

【生物学】寄生在叶片上。

【寄主】桃金娘科植物。

【分布】广东、台湾。

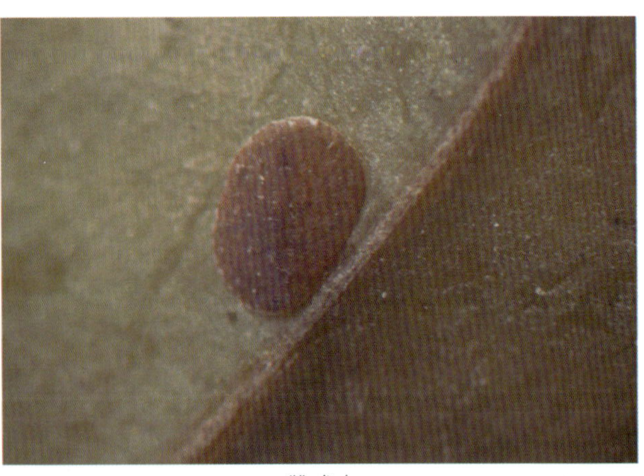

雌成虫

为害状

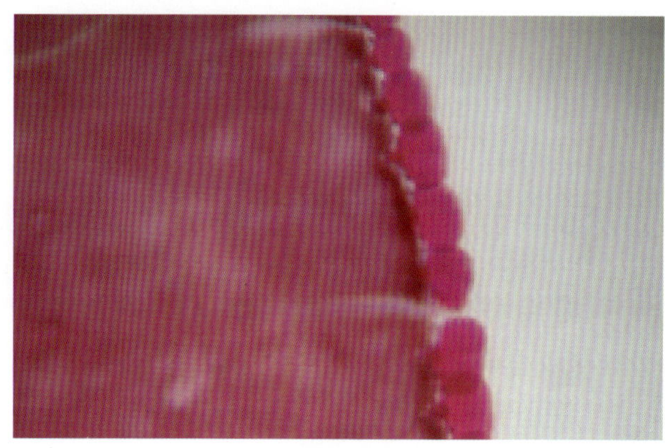
扇形缘毛

215. 乌黑副盔蚧 *Parasaissetia nigra* (Nietner, 1861)

【别名】橡副珠蜡蚧、橡胶盔蚧、乌副盔蚧、黑网珠蜡蚧、黑软蚧、黑光硬介壳虫。

【英文名称】 Nigra scale。

【分类地位】软蚧亚科 Coccinae，副盔蚧属 *Parasaissetia* Takahashi。

【识别要点】雌成虫在叶片上寄生者多为卵圆形，在枝条上寄生者多为长椭圆形，体长2~5mm；背面略突，青年个体黄色，有时有褐色或红色斑点；产卵时变成富有光泽的暗黑色至紫黑色。老死个体暗褐色至黑色，背面有“H”纹，体皮多角形密集成网状没有明显蜡壳。

【生物学】寄生在枝干、叶片上。年发生代数因地区、寄主而异，云南西双版纳橡胶树上1年发生4代，海南儋州橡胶树上1年发生5代，广东广州驳骨丹上1年发生8~9代。世代重叠严重，没有明显越冬现象。没有发现雄虫，营孤雌生殖。

【寄主】橡胶、香蕉、美人蕉、棕榈、驳骨丹、番荔枝、柑橘、咖啡、无花果、榕树、木槿、槟榔、重阳木、百香果、番石榴、珊瑚刺桐、莲雾等92科242属300余种植物。

【分布】海南、广东、云南、台湾、香港、福建、内蒙古（温室）等地。全球热带、亚热带。

枝条上青年雌成虫

枝条上老熟雌成虫

叶片上老熟雌成虫

216. 水木坚蚧 *Parthenolecanium corni* (Bouche, 1844)

【异名】*Parthenolecanium orientalis* Borchsenius。

【别名】糖槭蚧、东方盔蚧、扁平球坚蚧。

【英文名称】Brown scale。

【分类地位】软蚧亚科 Coccinae，木坚蚧属 *Parthenolecanium* Sulc。

【识别要点】雌成虫体短椭圆形，长 4~6mm，宽 3.5~5mm，早期黄棕色，死体红褐色，背部隆起呈半球形，硬化，前、后呈斜坡状，背中有光滑而发亮的宽纵脊 1 条，脊两侧有成列的凹坑，凹坑大小向侧缘变小，缘区常有短隆脊放射状排列。没有明显的蜡壳。

【生物学】寄生在枝条、果实上。每年发生 1~2 代，发生代数随地域和寄主而不同，在葡萄、刺槐上每年发生 2 代，其他寄主上一般发生 1 代。

【寄主】寄主植物很多，包括灌木及草本、野生和栽培果树、林木、苗圃。常见种类有复叶槭、白蜡、刺槐、紫穗槐、水曲柳、柳、榆树、核桃、苹果、沙果、梨、杏、桃、臭蒿、杨、李树、榛、锦鸡儿、山楂、木兰、铁线莲、悬铃木、茶藨子、葡萄、向日葵、马铃薯、菜豆、卫矛、番茄等。

【分布】宁夏、新疆、陕西、黑龙江、辽宁、吉林、山东、河南、河北、内蒙古、甘肃、山西、江苏、浙江、四川、湖南、湖北、安徽、青海。朝鲜，俄罗斯，伊朗，美国，加拿大，西欧，北非。

雌成虫

枝条为害状

果实为害状

217. 桧柏木坚蚧 *Parthenolecanium fletcheri* (Cockerell, 1893)

【英文名称】Fletcher scale。

【分类地位】软蚧亚科 Coccinae，木坚蚧属 *Parthenolecanium* Sulc。

【识别要点】雌成虫椭圆形，体长 2~5mm，早期扁平，后背部逐渐隆起，褐色，体缘和背中纵脊浅黄色；老熟时体半球形，侧部突出。死体褐色或黄褐色，背面光滑，侧部有少数凹点。

【生物学】寄生在针叶及小枝上。

【寄主】紫杉等红豆杉科植物，刺柏、扁柏等柏科植物。

【分布】山东、河南、辽宁。中亚，韩国，欧洲，北美洲。

青年雌成虫

老熟雌成虫及为害状

218. 桃坚蚧 *Parthenolecanium persicae* (Fabricius, 1776)

【别名】桃球蚧、桃盔蜡蚧。

【英文名称】European peach scale; Peach scale。

【分类地位】软蚧亚科 Coccinae，木坚蚧属 *Parthenolecanium* Sulc。

【识别要点】雌成虫体形变化大，多为椭圆形，长 5~10.5mm，背面不太突，有明显的中纵脊。年轻个体青灰色，周缘染红色，体前部有不规则的黑色横纹，老熟时红褐色。

【生物学】寄生在主干伤疤处及枝条上。年发生 1 代，以二龄若虫在树皮缝越冬。春季迁至叶上寄生，秋季再回到枝干上，越冬若虫排泌长过虫体数的玻璃丝。

【寄主】很多，有杏、桃、葡萄、苹果、虎刺。

【分布】北京、甘肃、河北、山东、湖北、浙江、广东、宁夏、陕西、云南等省（区）。中亚，东南亚，北非，美洲，大洋洲，欧洲。

死体雌成虫

219. 远东杉苞蚧 ***Physokermes jezoensis*** **Siraiwa, 1939**

【别名】红皮云杉球蚧。

【分类地位】球坚蚧亚科 Eulecaniinae，杉苞蚧属 *Physokermes* Targioni-Tozzetti。

【识别要点】雌成虫体肾形，黄褐色，常有暗栗色横带，有光泽。触角和足退化成瘤突。

【生物学】寄生在枝条基部。

【寄主】红皮云杉。

【分布】东北、内蒙古。日本，俄罗斯远东。

雌成虫

为害状

220. 蒙古杉苞蚧 ***Physokermes sugonjaevi*** **Danzig, 1972**

【分类地位】球坚蚧亚科 Eulecaniinae，杉苞蚧属 *Physokermes* Targioni-Tozzetti。

【识别要点】雌成虫体肾形，初期粉红色略带黄色，产卵后黄褐色，具光泽。背中有条明显纵沟，将虫体分成两半。触角和足退化成瘤突。

【生物学】寄生在针叶基部。

【寄主】云杉。

【分布】新疆。

雌成虫及为害状（1）

雌成虫及为害状（2）

221. 东南亚扁片蚧 ***Platylecanium cribrigerum*** **(Cockerell & Robinson, 1915)**

【分类地位】软蚧亚科 Coccinae, 扁片蚧属 *Platylecanium* Cockerell & Robinson。

【识别要点】雌成虫扁平，阔椭圆形、梨形或纺锤形，左右不对称，一边直，一边宽圆。口器和触角分布偏向直的一边，足缺。年轻个体体壁不硬化，身体中央部分不透明或半透明，红褐色，周缘透明，透过虫体可见腹面由白色蜡粉形成的 4 条气门路。尾裂较深，长度为体长的 1/8~1/7，肛板红黄色，体背覆盖一薄层透明蜡，蜡片可延伸至虫体之外。后随着发育，虫体背面逐渐硬化，颜色加深，背面透明部位由黄色变红色，老熟后背面暗红色，肛板橙黄色，其前有 1 黑色纵条，其长度约为体长的一半。亚缘区有 1 较宽的黑色环带，黑色环带外面有 1 红色窄环。体背仍被有一薄层蜡，但呈半透明状态，周缘有白色蜡片呈间断分布。除去背面蜡片后，可见密集长蜡丝从体背伸出。

【生物学】在叶片上沿叶脉寄生。

【寄主】胡椒、黧蒴锥。

【分布】广东。印度，斯里兰卡。

雌成虫

雄成虫

雌成虫和若虫

雄茧

222. 锐原软蚧 *Prococcus acutissimus* (Green, 1896)

【异名】*Coccus acutissimus*。

【别名】锐蚧、锐软蜡蚧、香蕉形软蚧、浪板介壳虫。

【英文名称】Slender soft scale；banana-shaped scale。

【分类地位】软蚧亚科 Coccinae，原软蚧属 *Prococcus* Avansthi。

【识别要点】雌成虫体细长而弯曲，头尾两端尖，似冲浪板，幼时乳白色至黄绿色，老熟时暗褐色。没有明显的蜡壳。

【生物学】在叶片背面，常沿主脉寄生。

【寄主】杧果、龙眼、蒲桃、白玉兰、菠萝蜜。

【分布】广东、海南、台湾。印度，斯里兰卡，泰国，马来西亚，美国。

青年雌成虫

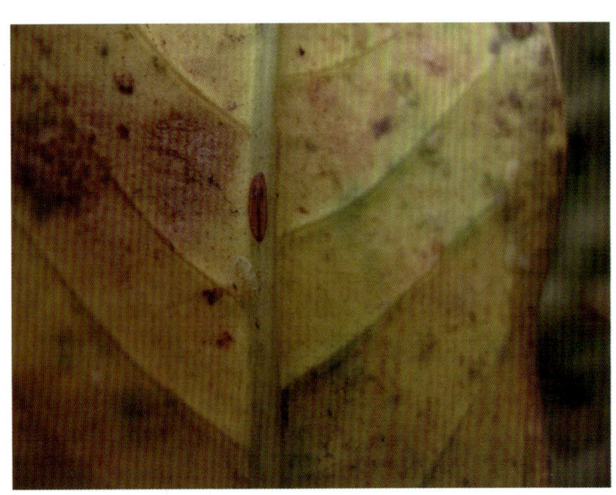

中年雌成虫

老熟雌成虫

223. 梨形原棉蚧 *Protopulvinaria pyriformis* (Cockerell, 1894)

【别名】梨形原绵蜡蚧。

【英文名称】Pyriform scale。

【分类地位】软蚧亚科 Coccinae，原棉蚧属 *Protopulvinaria* Cockerell。

【识别要点】雌成虫梨形或近三角形，常左右不对称，扁平。早期黄白色，后期黄褐色，有宽的红色缘带。肛板长三角形，位于背面中央。没有明显蜡壳。卵囊白色，短，在体后缘。

【生物学】寄生在叶片背面。

【寄主】八角金盘、杜英、鹅掌柴、羊蹄甲等。

【分布】北京（温室）、四川、云南、台湾、福建。日本，南美洲，南非。

青年雌成虫

雌成虫及卵囊

老熟雌成虫

为害状

224. 锡金伪棉蚧 *Pseudopulvinaria sikkimensis* Atkinson, 1889

【异名】 *Crescoccus candidus* Wang, 1982。

【别名】 锡金绵球链蚧、白生盘蚧。

【分类地位】 伪棉蚧亚科 Pseudopulvinariinae，伪棉蚧属 *Pseudopulvinaria* Atkinson。

【识别要点】 雌成虫体宽椭圆形，长约 5.0mm，黄色至褐色，背面被有厚厚的白色棉絮状蜡质分泌物。触角 6~7 节。

【生物学】 寄生在枝条上。在云南昆明 1 年发生 1 代，以雌成虫越冬。

【寄主】 栎、板栗。

【分布】 云南、四川。印度。

雌成虫

为害状

225. 柑橘绿棉蚧 *Pulvinaria aurantii* Cockerell, 1896

【异名】*Chloropulvinaria aurantii* (Cockerell)。

【别名】橘绵蚧、橘绿绵蜡蚧。

【分类地位】软蚧亚科 Coccinae，棉蚧属 *Pulvinaria* Targioni-Tozzetti。

【识别要点】雌成虫体椭圆形，长约 3.5mm，宽约 3.0mm。较扁平，青黄色或褐黄色，边缘有绿色或褐色宽框，背中有褐色或暗褐色纵带。触角 8 节。背面覆盖绒毛状白蜡丝。卵囊白色棉絮状，较紧密，后端有时明显宽于前端，背面有纵脊状隆起，长约 7mm。

【生物学】寄生在嫩枝、叶片上。在我国 1 年发生 2 代，以二龄若虫越冬。5~6 月及 8~9 月分泌卵囊产卵。

【寄主】很多，柑橘、橙、海桐、橄榄、柠檬、枇杷、月桂、卫矛等。

【分布】浙江、江西、湖北、湖南、江苏、福建、台湾、广东、广西、四川、贵州、云南、上海。日本，俄罗斯，斯里兰卡，菲律宾，伊朗，美国，美洲，大洋洲。

雌成虫

雌成虫及卵囊（1）

雌成虫及卵囊（2）

226. 柑橘红棉蚧 *Pulvinaria citricola* (Kuwana, 1909)

【异名】*Saissetia citricola*；*Parasaissetia citricola*。

【别名】柑橘黑盔蚧、柑橘盔蚧、橘副珠蜡蚧。

【分类地位】软蚧亚科 Coccinae，棉蚧属 *Pulvinaria* Targioni-Tozzetti。

【识别要点】雌成虫体近圆形，直径约5mm，背部高度隆起呈半球形，背面黑色，边缘黑色。卵囊棉絮状，短，从腹下伸出，虫体与枝条形成45°角。

【生物学】若虫寄生在叶片上，成虫寄生在枝条上。

【寄主】柑橘、木兰、楠木、香樟、阴香。

【分布】云南、浙江。日本，韩国，美国。

雌成虫

雌成虫及卵囊（1）

雌成虫及卵囊（2）

若虫蜡壳

227. 多角绿棉蚧 *Pulvinaria polygonata* Cockerell, 1905

【异名】*Chloropulvinaria polygonata* (Cockerell); *Pulvinaria nerii* Kanda，1950。

【别名】多角绵蚧、卵绿绵蜡蚧、夹竹桃绵蜡蚧、网纹绵蚧。

【英文名称】cottony citrus scale。

【分类地位】软蚧亚科 Coccinae, 棉蚧属 *Pulvinaria* Targioni-Tozzetti。

【识别要点】雌成虫体椭圆形，体长 3.5~5.0mm，宽 2.0~3.5mm，黄褐色或灰褐色。体背膜质，有不规则多角形密集亮斑。单眼明显，在头缘之内，围有白环。产卵后表皮多皱褶，背面被有白色蜡质物，在体前端两侧，各伸出几条指状蜡质物，腹后有比虫体略长的白色卵囊。卵囊近长椭圆形，边缘整齐，背面由前向后呈波浪状起伏，上有 2 条横纹和几近平行的 6 条纵沟。

【生物学】寄生在嫩枝和叶片上。1 年发生 2 代，以二龄若虫越冬。4 月下旬至 5 月中旬、8 月中旬至 9 月上旬可见卵囊。

【寄主】柑橘、九里香、黄花夹竹桃。

【分布】北京、山西、江苏、浙江、福建、台湾、广东、宁夏、四川。印度，菲律宾，孟加拉国。

雌成虫

卵囊

228. 柿树真棉蚧 *Pulvinaria peregrina* (Borchsenius, 1953)

【异名】*Eupulvinaria peregrina*。

【分类地位】软蚧亚科 Coccinae, 棉蚧属 *Pulvinaria* Targioni-Tozzetti。

【识别要点】雌成虫体椭圆形，长约 4.0mm, 宽约 2.2mm, 背面略突起，青褐色，边缘色较浅，表面有许多小疣突。无明显蜡被。产卵前体色加深，变为红褐色。卵囊背面具有 2 条纵脊或 3 条宽纵沟。

【生物学】初孵若虫寄生在叶片背面，雌成虫寄生在枝条上。

【寄主】柿、木槿、柑橘。

【分布】北京、河北、山西、山东。俄罗斯。

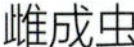
雌成虫

卵囊

229. 垫囊绿棉蚧 *Pulvinaria psidii* (Maskell, 1892)

【异名】*Chloropulvinaria psidii*。

【别名】刷毛绿绵蚧、柿绵蚧。

【英文名称】green shield scale。

【分类地位】软蚧亚科 Coccinae，棉蚧属 *Pulvinaria* Targioni-Tozzetti。

【识别要点】雌成虫体椭圆形，前端较狭，后端宽圆，长 3.5~4.0mm，宽 2.5~3.0mm。背面中央稍隆起，边缘薄而稍向上翘。黄绿色，眼点褐色。产卵期体背变褐色，并分泌绒毛状白色蜡质物。卵囊蜡质松散，厚薄不匀，两侧边缘不规则，酷似虫体下的棉褥。

【生物学】寄生在叶片和小枝上。在湖南 1 年发生 1 代，以若虫越冬。6 月形成卵囊。

【寄主】龙眼、柑橘、荔枝、杧果、莲雾等。

雌成虫

【分布】云南、广东、广西、福建、台湾、浙江、江苏、上海、湖南、湖北等省（市、区）。印度，斯里兰卡，印度尼西亚，菲律宾，俄罗斯，非洲，欧洲，美洲，大洋洲。

雄成虫及卵囊

雌成虫刚产卵

230. 葡萄棉蚧 ***Pulvinaria vitis* (L., 1758)**

【异名】*Pulvinaria betulae* (L., 1758)。

【别名】桦树绵蚧。

【英文名称】cottony vine scale。

【分类地位】软蚧亚科 Coccinae，棉蚧属 *Pulvinaria* Targioni-Tozzetti。

【识别要点】雌成虫椭圆形，体长 5~7mm，宽 4~5mm，活体灰褐色，有网斑，死体褐色、暗褐色，体节多褶皱，其两侧散布有许多小灰瘤。卵囊为雌成虫产卵时由腹下分泌的白色半球形绵团状物，背面中间有一纵沟纹，比雌体大得多，最大者长约 8mm，宽约 6mm。产卵后虫体与树皮形成 45°~90° 夹角。

【生物学】主要寄生在枝条上。1 年发生 1 代，以受精雌成虫在枝干上越冬。翌年 3 月底开始吸食树液。体周缘分泌蜡丝。4 月中旬出现雌成虫并产生卵囊，5 月底为产卵盛期，产于卵囊中。产卵后，雌体干缩而死。6 月初为卵孵化盛期，若虫到处爬行，逐渐群集固定于枝条、叶片上，且向南方位最多。每雌平均产卵千余粒。

【寄主】杨、柳、桦树、葡萄等。

【分布】北京、内蒙古、西藏、宁夏、新疆、甘肃。日本，中亚，俄罗斯远东，欧洲，北美洲。

雌成虫

卵囊

231. 苹果褐球蚧 ***Rhodococcus sariuoni* Borchsenius, 1955**

【别名】朝鲜褐球蚧、沙里院褐球蚧、樱桃朝球蚧、樱桃朝球蜡蚧、西府球蜡蚧。

【英文名称】Korean lecanium scale。

【分类地位】球坚蚧亚科 Eulecaniinae，褐球蚧属 *Rhodococcus* Borchsenius。

【识别要点】雌成虫产卵前体呈卵形，背部突起，从前向后倾斜，下部凹入，赤红色。产卵后体呈球形，长 3.5~4.5mm，宽 3.0~4.0mm，高 3.0~4.0mm，褐色或亮褐色，虫体略向前高耸而突向前，亦向两侧突出，后半略平斜，从肛门向体侧及体背有 4 纵列黑色凹点。

【生物学】寄生在植物枝条上取食、为害。在我国北部，1年发生1代，以二龄若虫在枝条上。雄成虫极少，营孤雌卵生。初孵若虫爬行到嫩枝或叶片背面固定、取食。寄主植物落叶前发育为二龄若虫，转移到枝条上越冬。

【寄主】 苹果、海棠、绣线菊等蔷薇科植物。在华北地区，该蚧在苹果和海棠上密度大，为害重。

【分布】 北京、河北、山西、河南、天津、内蒙古、辽宁、吉林、甘肃。朝鲜，韩国。

雌成虫背面观

排泄蜜露

雌成虫腹面观

卵及为害状

232. 吐伦球坚蚧 *Rhodococcus turanicus* (Archangelskaya, 1937)

【别名】 中亚朝球蜡蚧。

【分类地位】 球坚蚧亚科 Eulecaniinae，褐球蚧属 *Rhodococcus* Borchsenius。

【识别要点】 雌成虫高突呈球形，体长2.5~4.0mm。死体红褐色，有光泽，背面有若干凹点。

【生物学】 每年发生1代，以三龄若虫在枝茎上越冬，5月末雌体最大并产卵，每雌产1 000~2 000粒。6月中旬孵化，在枝叶上寄生，秋末爬到枝上。

【寄主】 主要寄生在蔷薇科植物苹果、梨、杏、桃上，也可寄生在鼠李科、虎耳草科、桦木科、胡桃科和榆科植物上。

【分布】 新疆、宁夏。中亚。

产卵期雌成虫及为害状

产卵后雌成虫

233. 咖啡黑盔蚧 *Saissetia coffeae* (Walker, 1852)

【异名】*Lecanium hemisphaeriae* Targinioni-Tozzetti，1867。

【别名】半球盔蚧、网珠蜡蚧。

【英文名称】Hemispherical scale。

【分类地位】软蚧亚科 Coccinae，黑盔蚧属 *Saissetia* Deplanche。

【识别要点】雌成虫前期体近圆形，扁平，浅黄色或红色，带有黑斑，体背常有“H”纹；中期体红色至浅褐色，体背有许多浅色斑点；后期或死体半球形，黄褐色或黑褐色，有光泽。没有明显的蜡壳。

【生物学】寄生在叶片和枝条上。

【寄主】夹竹桃、铁线蕨、苏铁、麒麟掌、杉木、漆树、棕榈、秋海棠、山茶、象牙红、雀榕、星苹果、重阳木、桂花、番石榴、鸡蛋花、异色柿、栀子、南瓜、罗伞树、番荔枝、柑橘、柚、橙、柠檬、山黄皮、咖啡、杧果、殊沙根、山榄、通脱木等。

【分布】冷地室内，暖地室外。亚洲，欧洲，美洲，非洲。

雌成虫

为害状

234. 美洲黑盔蚧 *Saissetia miranda* (Cockerell & Parrott, 1899)

【英文名称】Mexican black scale。

【分类地位】软蚧亚科 Coccinae，黑盔蚧属 *Saissetia* Deplanche。

【识别要点】雌成虫体近圆形，老熟时背面隆起。前期浅红色，带有透明斑点，后期灰色至黑色，体背有"H"形脊纹。

【生物学】寄生在叶片和枝条上。

【寄主】无花果、番石榴、榴莲等。

【分布】北京（温室）、云南。韩国，墨西哥，美国。

青年、中年、老熟雌成虫

235. 橄榄黑盔蚧 *Saissetia oleae* (Oliver, 1791)

【别名】橄榄盔蚧、榄珠蜡蚧。

【英文名称】Black scale。

【分类地位】软蚧亚科 Coccinae，黑盔蚧属 *Saissetia* Deplanche。

【识别要点】雌成虫呈半球形，直径 2~6mm，年轻个体圆而扁，未成熟者椭圆形。年轻雌成虫和未成熟若虫黄色或灰色。老熟雌成虫暗褐色或黑褐色。一生均有"H"纹。进入雌成虫时，灰色有暗斑。

【生物学】寄生在叶片和枝条上。

【寄主】多食性，为害植物 36 科 80 种以上。如黄花夹竹桃、紫荆、蔷薇、苹果、荔枝、杧果、棉龙眼、龙牙红、栀子、槌果藤、榄仁树、柚木、栎等。

【分布】冷地室内，暖地室外。世界广布。

青年雌成虫

中年雌成虫

老熟雌成虫

236. 杏树鬃球蚧 *Sphaerolecanium prunastri* (Boyer de Fonscolombe, 1834)

【别名】杏球蚧、杏球蜡蚧。

【英文名称】Globose scale；Plum lecanium。

【分类地位】球坚蚧亚科 Eulecaniinae，鬃球蚧属 *Sphaerolecanium* Sulc。

【识别要点】雌成虫球形，体侧垂直或下面稍扩出，直径2.7~3.2mm，暗褐色，有光泽，常有小凹点。

【生物学】寄生在枝条上。

【寄主】杏、李树、桃等蔷薇科核果类植物。

【分布】辽宁、河北、新疆。日本，韩国，中亚，欧洲，北非，美国。

雌成虫及为害状

237. 日本纽棉蚧 *Takahashia japonica* (Cockerell, 1896)

【异名】*Pulvinaria japonica*；*Takahashia wuchangensis* Zeng。

【别名】桑纽棉蚧。

【英文名称】String cottony scale。

【分类地位】软蚧亚科 Coccinae，纽棉蚧属 *Takahashia* Cockerell。

【识别要点】雌成虫卵圆形，体长3~7mm，背面隆起，胸部侧面内凹，缘褶明显。体黄白色，缘褶色深，背中有1红褐色纵条。老熟后体色加深，变为红褐色、深棕色。卵囊细长，长可达18mm，白色，棉絮状，质地密实，具有纵行沟纹，一端固着在寄主植物枝上，另一端连接着虫体腹部腹面，中段悬空扭曲。

【生物学】成虫寄生在枝条上。

【寄主】桑、国槐、核桃、合欢、红花檵木、三角枫、秋枫、爬山虎、李树、梨、杨梅等。

【分布】北京、河南、山东、山西、浙江、福建、重庆、四川、湖北、贵州。日本，朝鲜，韩国，意大利（传入）。

青年雌成虫背面观

卵囊

青年雌成虫腹面观

为害状

238. 三列鬃软蚧 *Trijuba oculata* (Brain, 1920)

【别名】眼三鬃蜡蚧。

【分类地位】软蚧亚科 Coccinae，鬃软蚧属 *Trijuba* De-Lotto。

【识别要点】活体雌成虫体长椭圆形，平坦或背面略有突起，体长达 7.6mm，宽达 4.7mm。年轻虫体浅黄色，成熟虫体颜色均匀，暗褐色。眼点明显，近圆形。肛板茶褐色至黑色，肛板周围部分浅黄色。体缘毛浅黄色至浅褐色。体背有 3 列几乎平行的长刚毛。

【生物学】雌成虫寄生在树干或叶柄上。

【寄主】猴耳环、朱樱花、格木、团花、中国无忧花。

【分布】广东、云南。印度，非洲。

雌成虫

为害状

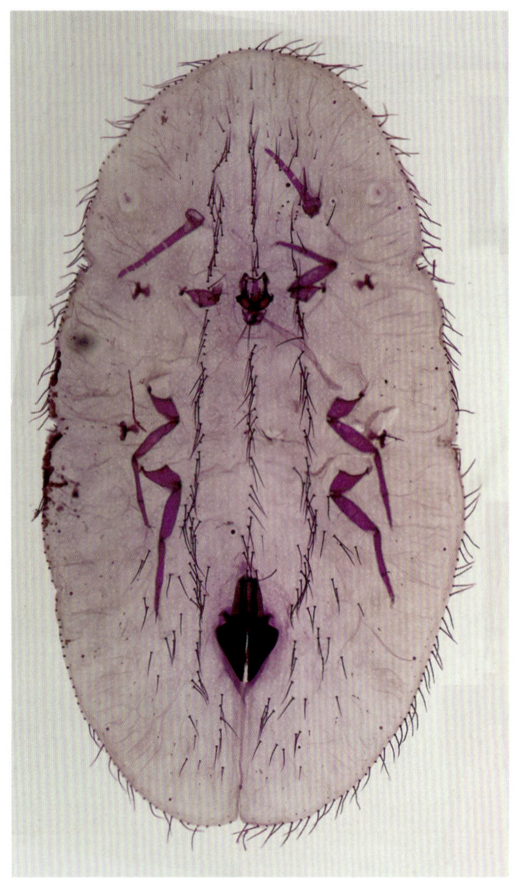

雌成虫玻片标本

二十四、仁蚧科 Aclerdidae Flat grass scales

身体扁平仁蚧科，触角退化足全缺。
尾有短裂一肛板，叶鞘下面营生活。

雌成虫体扁平，椭圆形，腹部末端常硬化，且有浅尾裂，常黄白色至红黄色。长变化很大，2~15mm。足缺或极退化。触角 1~4 节。雄成虫有翅。触角 10 节。单眼 6 个。胫节上有 1 端距。交配器短。一龄若虫触角 6 节，足发达，尾瓣发达、毛长，尾裂清晰。目前全世界 6 属 63 种，我国 2 属 8 种。生活在草本植物特别是禾本科植物的叶鞘下。

239. 赤竹仁蚧 *Aclerda sasae* Borchsenius, 1960

【分类地位】仁蚧属 *Aclerda* Signoret。

【识别要点】雌成虫体长椭圆形，头部窄，腹部宽，长约 5mm。年轻时体大部分膜质，仅尾端硬化，黄白色至浅红色；老熟后背部隆起，表皮硬化，暗褐色。

【生物学】群集寄生在赤竹叶鞘下茎上，后期虫体膨大，可造成叶鞘撕裂。

【寄主】赤竹。

【分布】北京、浙江、江苏。

青年雌成虫寄生在叶鞘下茎上

老熟雌成虫引起叶鞘撕裂

240. 高桥仁蚧 *Aclerda takahashii* Kuwana, 1932

【异名】*Aclerda sacchari* Hempel，1932；*Aclerda japonica* Takahashi，1930。

【分类地位】仁蚧属 *Aclerda* Signoret。

【识别要点】雌成虫椭圆形，背面略突，长约 6mm。年轻时体膜质，黄白色，老熟时体硬化，色变暗，黄褐色，末端黑褐色，体周围有一圈白蜡粉。足缺，触角退化。

【生物学】生活在叶鞘内或茎部。

【寄主】甘蔗、芒草。

【分布】云南、四川、台湾。日本，菲律宾，巴西，毛里求斯。

雌成虫

241. 云南仁蚧 *Aclerda yunnanensis* Ferris, 1950

【分类地位】仁蚧属 *Aclerda* Signoret。

【识别要点】雌成虫体形有变异，多头端窄，腹部宽，扁平。早期黄白色，仅尾端硬化，后期红褐色，整体身体硬化，且体背隆起。

【生物学】寄生在节处叶鞘下。

【寄主】禾本科植物。

【分布】广东、福建、台湾、云南。

老熟雌成虫撕裂叶鞘

雌成虫

242. 芦苇日仁蚧 *Nipponaclerda biwakoensis* (Kuwana, 1907)

【异名】*Aclerda biwakoensis*。

【别名】宫苍仁蚧、日本短尾蚧。

【分类地位】日仁蚧属 *Nipponaclerda* McConnell。

【识别要点】雌成虫体长约 5mm。体形变化很大，从长椭圆形到宽卵形，有时左右不对称。年轻时体膜质，黄白色，老熟时体缘和尾端硬化，色泽加深变为黄褐色。虫体周围有一圈白蜡。触角片状，接近前气门。

【生物学】成群寄生在芦苇叶鞘下茎上，为我国东部地区芦苇的重要害虫之一。在山东，1 年发生 4~5 代，以雌成虫在芦苇叶鞘下越冬。在上海等地，为我国保护鸟类震旦鸦雀冬季的主要食物。

【寄主】芦苇。

【分布】北京、河北、江苏、上海、宁夏、山东、西藏等。日本，韩国，美国。

雌成虫背面观

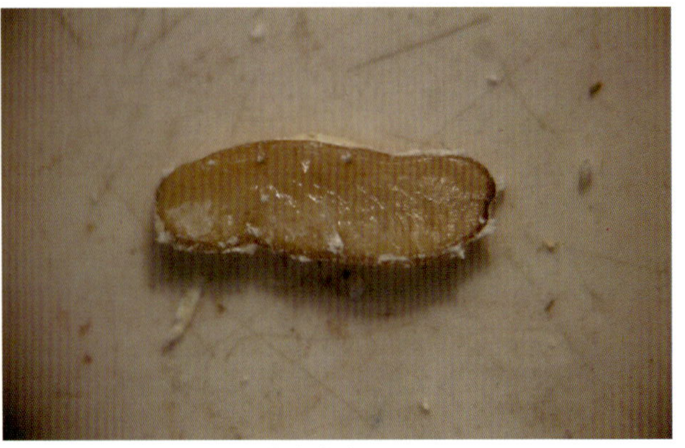
雌成虫腹面观

雌成虫群居

青年雌成虫及若虫

震旦鸦雀取食芦苇日仁蚧

243. 箭竹日仁蚧 *Nipponaclerda leptodermis* Wang & Zhang, 1994

【异名】*Nipponaclerda triumpha* Zhang, 1998。

【别名】长苍仁蚧。

【分类地位】日仁蚧属 *Nipponaclerda* McConnell。

【识别要点】雌成虫体长梭形至长椭圆形，长3.5~8.5mm，宽1.1~2.2mm。年轻时黄白色，老熟时虫体硬化，暗褐色。

【生物学】寄生在叶鞘下。

【寄主】箭竹、箬叶竹。

【分布】安徽、贵州。

叶鞘里的雌成虫

雌成虫

二十五、头蚧科 Beesoniidae
Beesonid scales

头大体小头蚧科，触角无来足全缺。
尾端伸出长蜡管，藏在皮下害植物。

头蚧科又名蜂蚧科，是一类形态奇特的介壳虫。雌成虫体梨形，前宽后狭，全身膜质，足缺。潜在若虫蜕皮内。全世界已知 6 属 16 种，我国仅 1 种。

244. 青冈头蚧 *Beesonia napiformis* (Kuwana, 1914)

【异名】*Beesonia quercicola* Ferris，1950；*Beesonia albohirta* Hu & Li，1986；*Beesonia brevipes* Takagi，1987。

【别名】栓皮栎头蚧、白毛头蚧。

【分类地位】头蚧属 *Beesonia* Ferris。

【识别要点】雌成虫体梨形，前宽后狭，全身膜质，触角和足缺，头部膨大，占身体的大部分。潜在若虫蜕皮内。雄成虫体长 1.6~1.7mm。触角 3 节，端节长且粗。生殖器细长。腹末有 1 对蜡丝。二龄若虫前体部膜质、红色，后端硬化，黑褐色。从肛门分泌出 1 根细长白色蜡管。

【生物学】常多头虫体群居在寄主枝条的分叉处或枝干的皮缝处，寄主组织受害处膨大粗糙，似疮痂状结节，虫体头部向内尾端朝外藏在其中，仅露出硬化的尾部及分泌的蜡管，这是林间识别的重要特征。

【寄主】栓皮栎、麻栎、高山栲、黧蒴锥等壳斗科植物。

【分布】北京、山东、山西、辽宁、云南、贵州、江苏、湖北、广东。

注：木珠蚧类具有相同的林间特征，但木珠蚧雌成虫不藏在二龄若虫蜕皮内，且其二龄若虫尾端多不伸出树皮外。

在蜕皮内的雌成虫

肛门分泌的白色蜡管

为害状

雌成虫

二十六、秃蚧科 Conchaspididae False armored scales or conchaspidid

介壳无蜕秃蚧科，腹末四节多愈合。
触角正常三五节，胸足胫跗成一体。

秃蚧科又名壳蚧科。雌成虫介壳与盾蚧相似，但无若虫蜕参与，常似火山状，有脊从壳顶放射状伸出；白色或污白色。虫体圆形或卵圆形，红色。腹末几节愈合成臀板。足存在；胫跗节愈合。触角 3~5 节。头部有眼点。主要寄生在乔木的枝、叶上。全世界现有 4 属 30 种，我国仅有 1 种，海南壳蚧 *Conchaspis hainanensis* Hu, 1986, 采自海南一种灌木上。其雌成虫介壳近圆形，背面稍突，白色，直径约 2mm。现以 *Conchaspis angraeci* Cockerell, 1893 为例说明。照片来源于 scale%20family/Conchaspididae%20Conchaspis%20angraeci.htm。

雌成虫介壳

雌成虫

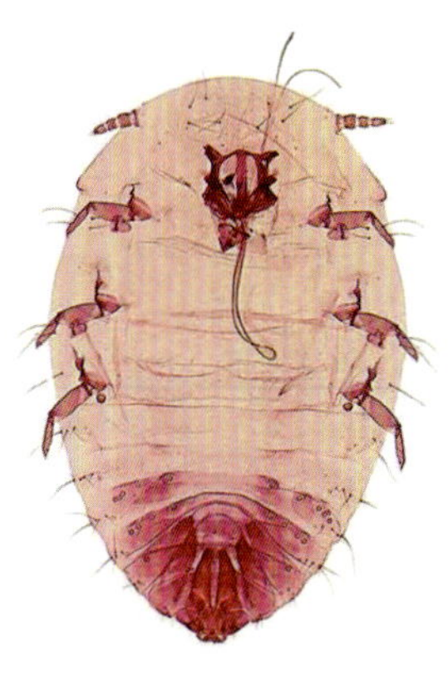
雌成虫玻片标本

二十七、盾蚧科 Diaspididae Armored scale insects

介壳有蜕盾蚧科，腹末四节常愈合。
雌虫无足角退化，雄虫有个长尾巴。

雌成虫个体微小，体长一般为 0.8~1.5mm，无足，触角退化为 1 节，口器发达，腹部后几节愈合成不分节的臀板，潜藏在由成虫分泌物及若虫蜕皮一起组成的介壳内。雄成虫触角丝状，10 节，单眼 4 或 6 个。腹部末端交配器细长。全世界 417 属 2 693 种。

主要识别要点：

（1）介壳的形状。有圆形、梨形、牡蛎形、椭圆形、细长形等。

（2）介壳的质地。主要指雌、雄介壳的差异。有的类群如圆盾蚧、牡蛎蚧、片盾蚧等，其雌、雄介壳质地相同，均为致密片状；而有的类群，常见于盾蚧亚科，其雌、雄介壳质地则相异，雌介壳为致密片状，雄介壳为白色、长形、溶蜡状，背面常有 3 条纵脊。

（3）介壳的色泽。有白色、黄色、褐色、灰色、黑色等。

（4）介壳的组成。雌介壳一般具有 2 个若虫蜕皮，雄介壳具有 1 个若虫蜕皮。但也有不少种类的雌介壳仅由 2 个若虫蜕皮组成，其雌成虫不分泌蜡壳，而是潜在二龄蜕皮内产卵繁殖，此类雌成虫常被称作“被型”或“蛹型”。

（5）蜕皮的位置。在介壳的中央、亚中央、壳缘或突出于壳端。

（6）蜕皮的色泽。有白色、黄色、褐色等。

（7）雌成虫的形状。有圆形、梨形、卵圆形、椭圆形、纺锤形、肾形及细长形等。

（8）雌成虫的色泽。有黄色、白色、红色等。

（9）寄主的种类及在植物上的寄生部位，也对识别有帮助。

245. 红肾圆盾蚧 *Aonidiella aurantii* (Maskell, 1879)

【别名】红圆蹄盾蚧、橘红肾盾蚧、橘红片盾蚧、红圆蚧。

【英文名称】California Red scale；Red scale。

【分类地位】圆盾蚧族 Aspidiotini，肾圆盾蚧属 *Aonidiella* Berlese & Leonardi。

【识别要点】雌介壳圆形，直径约 1.8mm，橙红色至红褐色，边缘淡橙黄色，扁平，中央稍微隆起。半透明，质地薄，可透见介壳下虫体。蜕皮 2 个，橙黄色或红色，位于介壳中央或近中央。雄介壳长椭圆形，长 1.1~1.3mm，黄灰色，蜕皮位于中央。雌成虫橙红色至红褐色，老熟后头胸部呈肾形并硬化。体长约 1.06mm，宽约 1.22mm。

【生物学】寄生在主干、枝干、叶片和果实上。

【寄主】柑橘、君子兰、罗汉松、万年青、茉莉、佛手、山茶、桂花、棕榈、含笑、槟榔等300多种植物。

【分布】淮河以南地区及北方温室。国外广泛分布。

雌成虫

为害罗汉松

246. 黄肾圆盾蚧 *Aonidiella citrina* (Conquillett, 1891)

【别名】黄圆蹄盾蚧、橘黄圆肾盾蚧、橘黄片盾蚧、黄圆蚧。

【英文名称】California yellow scale；Yellow scale。

【分类地位】圆盾蚧族 Aspidiotini，肾圆盾蚧属 *Aonidiella* Berlese & Leonardi。

【识别要点】雌介壳圆形，直径1.5~2.0mm，黄灰色，扁平，薄而透明，可透见黄色虫体，蜕皮在中央或近中央。雄介壳长椭圆形，长约1.2mm，黄灰色。雌成虫橙黄色，老熟时前体部明显呈肾形，且高度硬化。体长约1.08mm，宽约1.38mm。

【生物学】主要在叶片和果实上寄生。

【寄主】柑橘、四季柚、兰花、桂花、枸骨、苏铁、罗汉松、仙客来、榕树等。

【分布】浙江、福建、广东、广西、安徽、江苏、江西、湖北、湖南、四川、山东、陕西。日本，韩国，印度，俄罗斯，美国，阿根廷，非洲，大洋洲。

雌介壳

雌成虫

247. 苏铁肾圆盾蚧 *Aonidiella inornata* McKenzie, 1938

【别名】苏铁片圆蚧、杂食肾圆盾蚧。

【英文名称】papaya red scale。

【分类地位】圆盾蚧族 Aspidiotini，肾圆盾蚧属 *Aonidiella* Berlese & Leonardi。

【识别要点】雌介壳圆形，黄褐色，半透明，边缘蜡壳很薄；蜕皮位于中央。虫体肾形，红色。

【生物学】寄生在叶片背面。

【寄主】苏铁、夹竹桃、枸骨、杧果、椰子、番木瓜、柑橘、剑麻等。

【分布】河南、上海、广东、海南、云南、台湾。菲律宾，美国夏威夷，新几内亚，大洋洲。

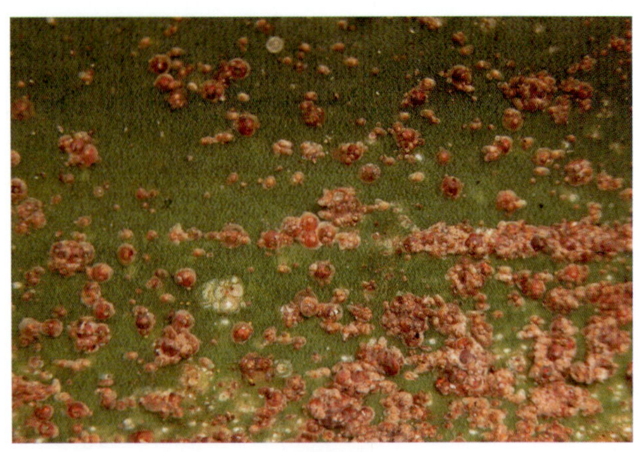

为害剑麻

248. 东方肾圆盾蚧 *Aonidiella orientalis* (Newstead, 1894)

【英文名称】Oriental scale；Oriental armored scale。

【分类地位】圆盾蚧族 Aspidiotini，肾圆盾蚧属 *Aonidiella* Berlese & Leonardi。

【识别要点】雌介壳圆形至卵圆形，扁平，不透明，黄色至黄褐色，边缘色浅；蜕皮在近中央。雄介壳长椭圆形，黄灰色。雌成虫黄色，老熟时头胸部膨大且硬化，但不呈肾形。

【生物学】主要寄生在叶片和果实上。

【寄主】山茶、棕榈、油橄榄、柑橘、无花果等。

【分布】江苏、广东、广西、海南、云南。斯里兰卡，印度，菲律宾，伊朗，伊拉克，非洲，美洲，大洋洲。

雌成虫

雌、雄介壳

249. 透明圆盾蚧 *Aspidiotus destructor* Signoret, 1869

【异名】 *Temnaspidiotus destructor* (Signoret)。

【别名】 椰圆盾蚧、椰凹盾蚧、茶圆蚧。

【英文名称】 Coconut scale；Transparent scale。

【分类地位】 圆盾蚧族 Aspidiotini，圆盾蚧属 *Aspidiotus* Bouche。

【识别要点】 雌介壳圆形，直径约 1.7mm，扁平，薄而半透明。蜕皮黄白色，位于壳中央。雄介壳色泽和质地同雌介壳，但椭圆形，稍小。雌成虫体梨形，头端阔圆形，末端较尖，黄褐色。体长约 1.1mm，宽约 0.85mm。

【生物学】 主要寄生在叶片背面。

【寄主】 茶树、猕猴桃、椰子、柑橘、万年青、鹤望兰、山茶、麦冬、白玉兰、桂花、苏铁、肉桂、棕榈、散尾葵、珠兰、麻叶绣球、葡萄等。

【分布】 分布广泛。南方露地，北方温室。

雌成虫

雌介壳

为害状

250. 常春藤圆盾蚧 *Aspidiotus nerii* Bouche, 1833

【异名】 *Aspidiotus hederae* Vollot。

【别名】 常春藤圆蚧、春藤圆盾蚧。

【英文名称】 Oleander scale；Ivy scale。

【分类地位】 圆盾蚧族 Aspidiotini，圆盾蚧属 *Aspidiotus* Bouche。

【识别要点】 雌介壳圆形，直径 2mm，扁平或稍突，薄，白色或淡白色，蜕皮在中央或近中央，黄色。雄介壳色泽与质地同雌介壳，但较小且略呈长条形，蜕皮点也在中央，直径 1.3mm。雌成虫体黄色，梨形，长约 0.8mm。

【生物学】 主要寄生在叶片上。

【寄主】 很多，包括苏铁、棕榈、刺葵、含笑、桂花、夹竹桃、常春藤、广玉兰、女贞、山茶等。

【分布】 遍及全国，南方露地，北方温室内。世界分布广泛。

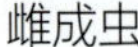
雌成虫

雌介壳

251. 柑橘白轮盾蚧 *Aulacaspis citri* Chen, 1954

【别名】橘白盾蚧、柑橘轮盾蚧。

【分类地位】盾蚧族 Diaspidini，白轮盾蚧属 *Aulacaspis* Cockerell。

【识别要点】雌介壳圆形或近圆形，白色，略隆起；蜕皮位于中央或近中央，第1蜕皮灰黄色，第2蜕皮深褐色。虫体前体部近方形，头突起明显。初期橙黄色，老熟时暗紫色。

【生物学】寄生在叶片、枝条和果实上。

【寄主】柑橘、米兰、含笑。

【分布】四川、广西、云南。

雌成虫

雌介壳

252. 米兰白轮盾蚧 *Aulacaspis crawii* (Cockerell, 1898)

【别名】茶花白轮蚧、珠兰轮盾蚧、牛奶子白轮蚧。

【分类地位】盾蚧族 Diaspidini，白轮盾蚧属 *Aulacaspis* Cockerell。

【识别要点】雌介壳圆形，直径 2.5~3mm；白色，略突，较厚，蜕皮赭石色，第一、二龄蜕皮略重叠，偏向壳缘。雄介壳白色，蜡状，狭长，两侧平行，背具3条纵脊，长 1~1.2mm，蜕皮大，淡褐色，位于前端。雌成虫体长形，两侧略平行，头胸部阔，前端圆形，两侧成直线；后胸和腹部较狭，侧瓣不太突出，后面呈半圆形。体长 1.25~1.38mm，头胸区硬化，自由腹节膜质。头缘突起存在。橙黄色或橙红色。

【生物学】寄生在枝条和叶片上。

【寄主】米兰、柑橘、山茶、牛奶子、九里香、木槿、楝、黄槿、悬钩子。

【分布】北京、天津、宁夏、内蒙古、福建、广东、广西、山西、云南、四川、台湾。日本，美国夏威夷。

雌成虫

雌介壳

253. 胡颓子白轮盾蚧 *Aulacaspis difficillis* (Cockerell, 1896)

【分类地位】盾蚧族 Diaspidini，白轮盾蚧属 *Aulacaspis* Cockerell。

【识别要点】雌介壳近圆形，直径 1.3~2.1mm，灰白色，质地厚，扁平，背部略拱起。蜕皮在近中央或近边缘，一龄蜕皮灰黄色，二龄蜕皮暗色或略带红色。雌成虫体较宽短。头胸部较大，略宽于后胸及腹部，侧缘突出或微拱。后胸略宽于腹部第 1~2 节。体长 1.14~1.30mm，宽 0.75~0.94mm。初为黄色，老熟时橘红色略带紫色。

【生物学】寄生在茎干和枝条上。

【寄主】胡颓子、沙棘。是我国北方沙棘的重要害虫之一。

【分布】宁夏、内蒙古、山西、云南、台湾。日本，韩国。

雌、雄介壳

254. 钓樟白轮盾蚧 *Aulacaspis ima* Scott, 1952

【别名】准白轮蚧、钓樟白轮蚧、伊马白轮蚧。

【分类地位】盾蚧族 Diaspidini，白轮盾蚧属 *Aulacaspis* Cockerell。

【识别要点】雌介壳梨形或近圆形，长 1.4~1.8mm，白色，薄；蜕皮突出在头端，与介壳颜色相近。雌成虫前期鲜黄色，后变为棕黄色。

【生物学】寄生在叶片上。

【寄主】钓樟、山胡椒、香叶树。

【分布】云南。

雌介壳

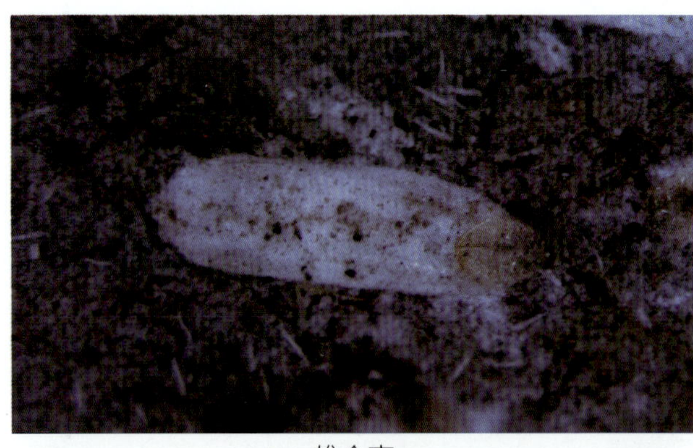

雄介壳

雌成虫（1）

雌成虫（2）

为害状

255. 蔷薇白轮盾蚧 *Aulacaspis rosae* (Bouche, 1834)

【别名】玫瑰白轮蚧。

【英文名称】Rose scale。

【分类地位】盾蚧族 Diaspidini，白轮盾蚧属 *Aulacaspis* Cockerell。

【识别要点】雌介壳圆形或卵圆形，直径 2~3mm；扁平，污白色。蜕皮黄色至褐色，在介壳一边。雄介壳长形，长 1~1.5mm，白色溶蜡状，有 3 脊，蜕皮在一端。雌成虫橘红色或红褐色，长约 1.4mm，前体部宽 0.8mm，前体部明显比后体部膨大，头缘突有时似显现。

【生物学】雌、雄虫均寄生在枝条或茎秆上，常密密满被，为害严重。1 年发生 2 代，以受精雌成虫越冬。第 1 代雌成虫于 7 月上旬出现，第 2 代在 10 月上旬出现。

【寄主】蔷薇、悬钩子、玫瑰、榆树、杧果、月季。

【分布】北京、宁夏、内蒙古、陕西、河北、山西、四川、江苏、广东、浙江、福建、上海、辽宁、台湾、西藏。日本，朝鲜，韩国，泰国，菲律宾，美国夏威夷，马来西亚，伊朗，以色列，欧洲，美洲，大洋洲。

雌介壳

为害状

256. 月季白轮盾蚧 *Aulacaspis rosarum* Borchsenius, 1958

【别名】黑蜕白轮蚧、拟蔷薇轮蚧。

【英文名称】Rosarum scale。

【分类地位】盾蚧族 Diaspidini，白轮盾蚧属 *Aulacaspis* Cockerell。

【识别要点】雌介壳近圆形或宽椭圆形，长 2~2.4mm，白色，蜕皮暗褐色或黑色，第 1 蜕皮常在介壳边缘，叠于第 2 蜕皮之上，第 2 蜕皮位于介壳中心或近边缘。雄介壳长形，白色溶蜡状，具 2 脊，长约 0.8mm。虫体长形，前部很膨大，头缘突显，长约 1.19mm，宽约 0.95mm，最宽部在中胸。初期橙黄色，渐变为橙红色。

【生物学】寄生在枝干上。

【寄主】蔷薇、月季、玫瑰、樟、黄刺玫、悬钩子、兰花等。

【分布】北京、上海、江西、四川、贵州、辽宁、陕西、河北、内蒙古、江苏、福建、广东、广西、甘肃等。韩国，印度，美国夏威夷，法国，新西兰。

雌介壳

为害状

257. 杧果白轮盾蚧 *Aulacaspis tubercularis* Newstead, 1906

【别名】樟白轮蚧、杧果白轮蚧。

【英文名称】white mango scale。

【分类地位】盾蚧族 Diaspidini，白轮盾蚧属 *Aulacaspis* Cockerell。

【识别要点】雌介壳圆形，白色，扁平，质地很薄，半透明，常有皱纹；蜕皮黄色至褐色，有黑

色中脊，位于介壳边缘内。雌成虫螺钉形，红色。

【生物学】寄生在叶片、嫩茎和果实上。

【寄主】杧果、椰子、月桂、玉桂、樟、木姜子等。

【分布】广东、浙江、台湾、四川。日本，亚洲南部，非洲。

雌介壳

雌成虫

258. 雅樟白轮盾蚧 *Aulacaspis yabunikkei* Kuwana, 1926

【别名】樟白轮蚧、樟树轮盾蚧、日本白轮蚧。

【分类地位】盾蚧族 Diaspidini，白轮盾蚧属 *Aulacaspis* Cockerell。

【识别要点】雌介壳近圆形，直径 1.5~2.0mm，扁平或稍隆起，白色，不透明；蜕皮灰黄色，位于介壳一边。雌成虫体长形，淡黄色。

【生物学】寄生在叶片上。

【寄主】香樟、钓樟、肉桂、天竺桂、木姜子等。

【分布】广东、广西、贵州、湖南、河南、江苏、江西、浙江、四川、云南、香港、台湾。日本，韩国，马来西亚。

雌介壳

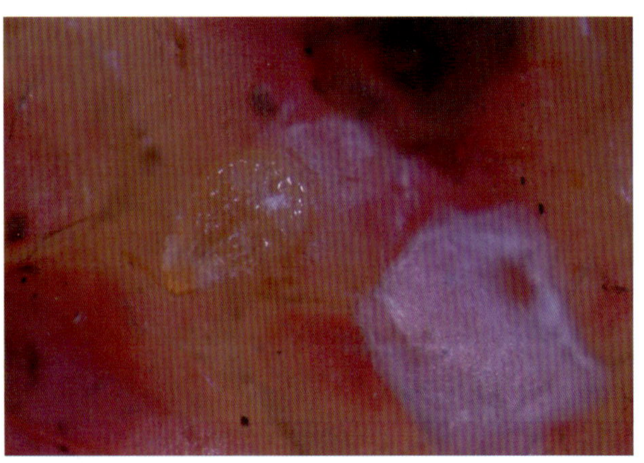

雌成虫

259. 苏铁白轮盾蚧 *Aulacaspis yasumatsui* Takagi, 1977

【别名】泰国轮盾蚧。

【英文名称】Asian cycad scale。

【分类地位】盾蚧族 Diaspidini，白轮盾蚧属 *Aulacaspis* Cockerell。

【识别要点】雌介壳圆形到梨形，扁平，白色；蜕皮在介壳一边，浅黄色。雌成虫橘黄色。

【生物学】量少时寄生在针叶反面；量大时，针叶正反面均有。甚至也可为害根部。

【寄主】苏铁。

【分布】福建、台湾、广东、香港、广西、云南。泰国。

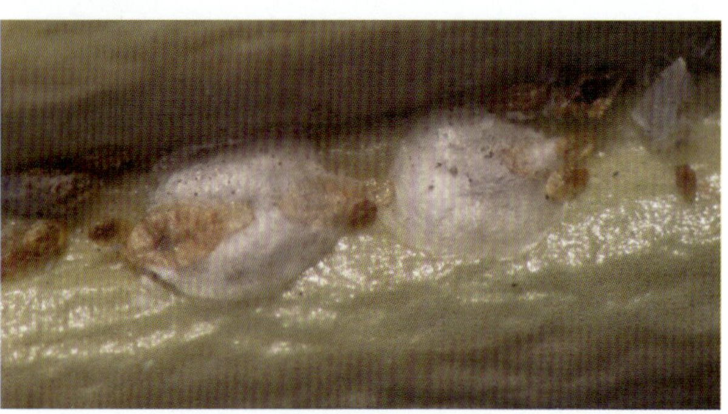

雌介壳（1）

雌介壳（2）

为害状

260. 蜀雪盾蚧 *Chionaspis camphora* (Chen, 1983)

【异名】*Phenacaspis camphora* Chen。

【别名】香樟袋盾蚧、雪盾蚧。

【分类地位】盾蚧族 Diaspidini，雪盾蚧属 *Chionaspis* Signoret。

【识别要点】雌介壳梨形，长 1.5~2.0mm，灰白色，蜕皮位于前方顶端，第 1 蜕皮油浸状褐色，第 2 蜕皮棕黄色。虫体狭纺锤形，棕红色。

【生物学】寄生在枝干上。

【寄主】香樟、木姜子。

【分布】四川、贵州、湖南。

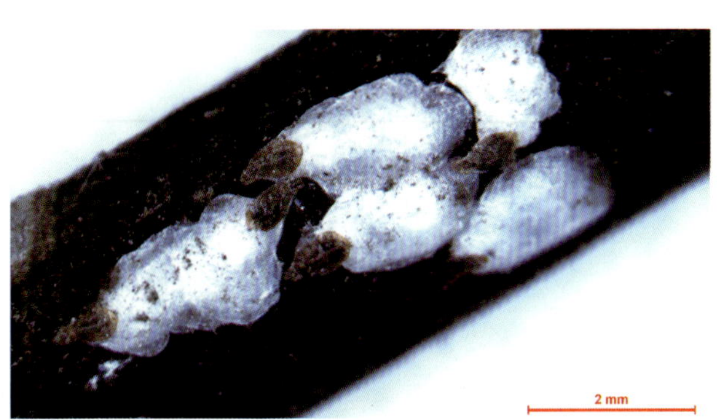

雌介壳

雌成虫

261. 倒槌雪盾蚧 *Chionaspis obclavuta* Chen, 1983

【分类地位】盾蚧族 Diaspidini，雪盾蚧属 *Chionaspis* Signoret。

【识别要点】雌介壳圆筒形，后端稍大，长约 2.8mm，宽约 0.8mm，白色。蜕皮位于前端，红褐色、黑色，一龄蜕皮突出于介壳外。雌成虫体细长，黄色。

【生物学】在叶片上多沿叶缘寄生。

【寄主】青冈、苦槠。

【分布】福建、浙江。

为害苦槠叶片

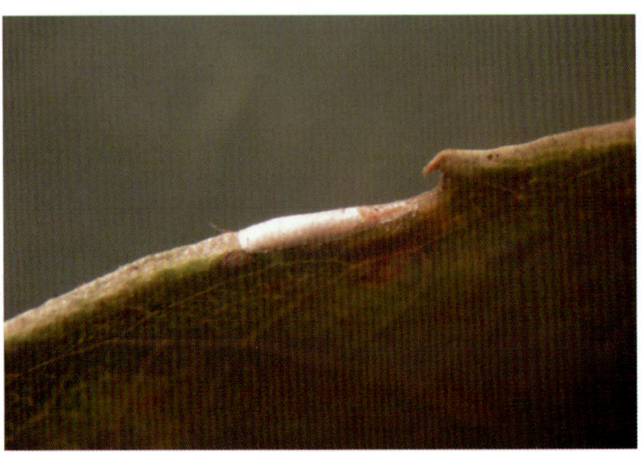

雌介壳正面

为害部位

雌介壳腹面，雌成虫及卵

262. 柳雪盾蚧 *Chionaspis salicis* (Linnaeus, 1758)

【异名】*Chionaspis micropori* Marlatti；*Chionaspis montana* Borchsenius；*Chionaspis polypora* Borchsenius，1949；*Chionaspis salicis-nigrae* (Walsh，1868)。

【英文名称】Willow scale。

【分类地位】盾蚧族 Diaspidini，雪盾蚧属 *Chionaspis* Signoret。

【识别要点】雌介壳梨形，前端窄，后部宽，略隆起，长 1.6~3.0mm，宽 0.7~2.0mm。白色。蜕皮椭圆形，黄褐色，在前端。雄介壳长形，白色，背面具 3 条纵脊。雌成虫长纺锤形，黄色、红色。中、后胸及自由腹节侧突明显。臀板宽大。

【生物学】常为害树木的枝、干及叶柄，且多分布在枝杈处，刺吸汁液，严重影响树木的生长。

【寄主】很多，包括旱柳、串根杨、沙柳、山杨、青杨。

【分布】宁夏、内蒙古、新疆、青海、甘肃、吉林、辽宁。韩国，日本，俄罗斯，土耳其，伊朗，欧洲。

雌介壳

263. 紫藤雪盾蚧 *Chionaspis wistariae* Cooley, 1897

【异名】*Phenacaspis fujicola* Kuwana，1931。

【英文名称】Fujicola scale；Wistaria scurfy scale。

【分类地位】盾蚧族 Diaspidini，雪盾蚧属 *Chionaspis* Signoret。

【识别要点】雌介壳大小和形状多变，常为长牡蛎形，白色。蜕皮 2 个，在头端部突出，第 1 蜕皮黄色，第 2 蜕皮黄褐色或褐色，长 1.5~2.5mm。雄介壳长椭圆形，白色，有明显 3 脊。虫体长纺锤形，红色。

【生物学】寄生在叶片正面。

【寄主】紫藤、秋茄、桤木。

【分布】广东、海南、云南、台湾。日本，韩国，罗马尼亚，美国。

雌、雄介壳

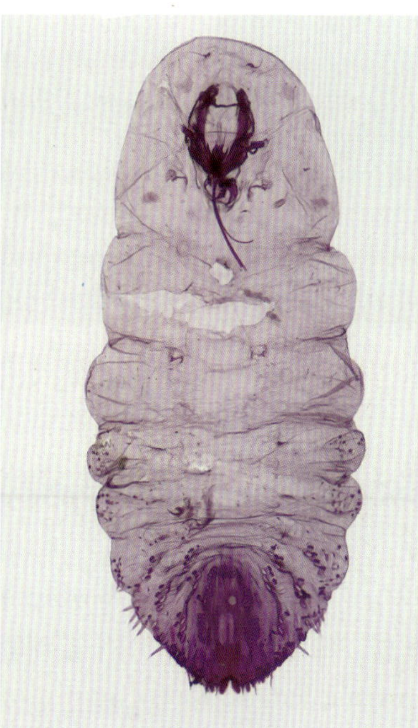
雌成虫玻片标本

为害状

264. 黑褐圆盾蚧 *Chrysomphalus aonidum* (Linnaeus, 1758)

【异名】*Chrysomphalus ficus* Ashmead。

【英文名称】Black scale。

【分类地位】圆盾蚧族 Aspidiotini，褐圆盾蚧属 *Chrysomphalus* Ashmead。

【识别要点】雌介壳圆形，直径 1.7~2mm，暗褐色、紫褐色、黑色，沿边缘灰白色或灰褐色，略突，质地厚而坚硬，中央向周围边缘略斜低，分泌物环纹密且显著，似锥形草帽；蜕皮位于中央，橙黄色或红褐色，第 1 蜕皮脐状，被有白色分泌物。雄介壳色泽与质地同雌介壳，椭圆形，蜕皮在一端；长约 1mm。虫体近圆形，初为浅黄色，后为深黄色。

【生物学】通常寄生在叶片和果实上。

【寄主】柑橘、棕竹、苏铁、山茶、罗汉松、鹤望兰、桂花、大叶黄杨、蔷薇、冬青、夹竹桃、栗等多种植物。

【分布】宁夏、内蒙古、北京、河北、山东、江苏、福建、台湾、广东、广西、贵州、四川、江西。南方室外和寒地的温室内。日本，韩国，南亚，欧洲，非洲，美洲，大洋洲。

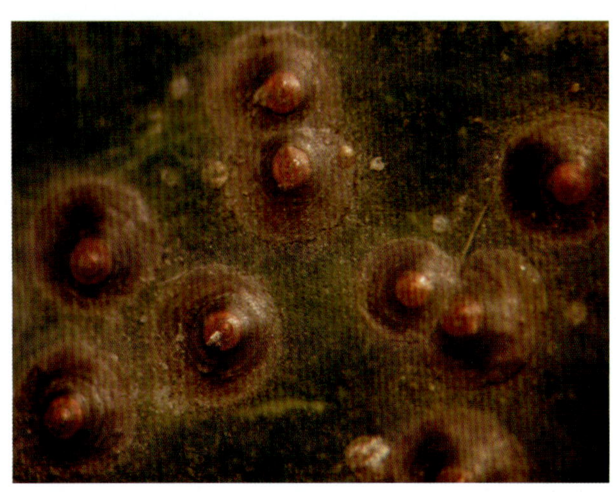

雌介壳

雌成虫

为害状

265. 酱褐圆盾蚧 *Chrysomphalus bifasciculatus* Ferris, 1938

【英文名称】Bifasciculte scale。

【别名】褐圆蚧、拟褐圆金顶盾蚧、拟褐叶圆蚧。

【分类地位】圆盾蚧族 Aspidiotini，褐圆盾蚧属 *Chrysomphalus* Ashmead。

【识别要点】雌介壳圆形，褐色、暗灰色或黑色；蜕皮色较淡，红黄色，位于中央。雌虫体倒梨形，橙黄色。

【生物学】主要寄生在叶片上。

【寄主】苏铁、桂花、冬青、柑橘、女贞、万年青、鹤望兰、夹竹桃等多种植物。

【分布】北京、河北、辽宁、内蒙古、山东、江西、江苏、浙江、湖南、湖北、广东、广西、福建。日本，韩国，蒙古，俄罗斯，美国。

雌介壳

266. 橙褐圆盾蚧 *Chrysomphalus dictyospermi* (Morgan, 1889)

【别名】橙圆金顶盾蚧、红褐圆盾蚧、网籽草叶圆蚧、橙褐叶圆蚧。

【英文名称】Morgan' s scale。

【分类地位】圆盾蚧族 Aspidiotini，褐圆盾蚧属 *Chrysomphalus* Ashmead。

【识别要点】雌介壳圆形，略突，质地很薄，红褐色或淡褐色；第 1 蜕皮白色，成乳头状突起，第 2 蜕皮黄褐色，2 个蜕皮均在中央相重叠。雌成虫阔梨形，黄色。

【生物学】通常寄生在叶片正面。

【寄主】苏铁、柑橘、天竺桂、夹竹桃、蔷薇、罗汉松、一叶兰等 250 多种植物。

【分布】北京、河北、山西、陕西、山东、上海、浙江、福建、江西、湖南、湖北、广东、广西、四川、云南、贵州。亚洲，欧洲，美洲，非洲。

雌介壳

267. 梨圆盾蚧 *Comstockaspis perniciosa* (Comstock, 1881)

【异名】*Aspidiotus perniciosus* Comstock; *Diaspidiotus perniciosus*; *Quadraspidiotus perniciosus* 。

【别名】梨笠圆盾蚧、梨齿盾蚧。

【英文名称】San Jose scale。

【分类地位】圆盾蚧族 Aspidiotini，笠圆盾蚧属 *Comstockaspis*。

【识别要点】雌介壳圆形，直径 1.2~1.64mm，偶有达 2mm，略隆起，表面有轮状纹；活体蟹青色，死体灰白色、灰褐色（夏型）或黑色（冬型）；蜕皮位于中心，黄色或淡橙色。雄介壳灰色，卵形，前半部隆起，后半部平坦。蜕皮在前半部的中心；褐色或黄褐色。介壳长 0.6~1mm。雌成虫体阔梨形，前宽后狭，最宽处为中胸，长约为最大宽度的1.5倍。体长 0.9mm，宽 0.76mm。体黄色，臀板暗黄色。

【生物学】主要寄生在枝干上，也可为害叶片和果实。为害果实时，在虫体周围形成“红晕”。

【寄主】枣、杨、白榆、板栗、苹果、梨、柳、刺槐、樱桃、红瑞木、核桃、扁桃等 120 个属的植物。

【分布】北京、河北、山西、辽宁、福建、江西、山东、云南、陕西、甘肃、新疆。日本，韩国，俄罗斯，印度，越南，蒙古，欧洲，非洲，美国。

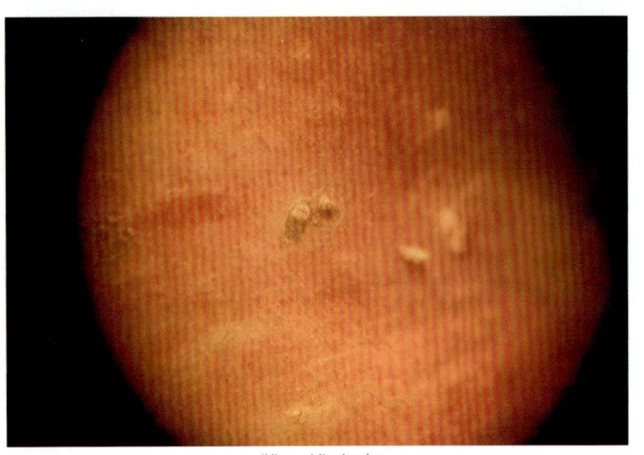
雌、雄介壳

为害苹果果实

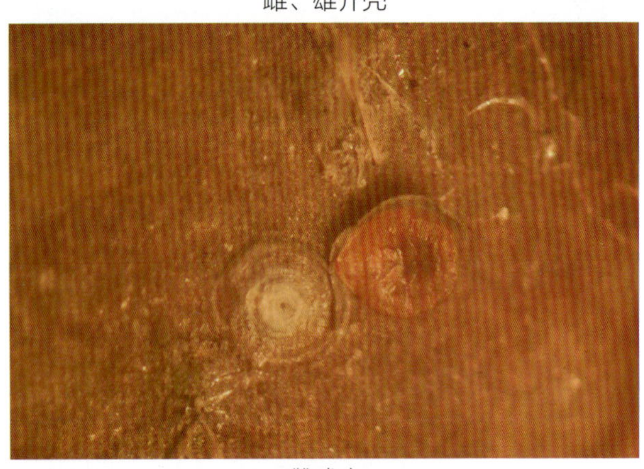
雌成虫

为害扁桃枝条

为害香梨果实

为害枣枝条

268. 杨双圆盾蚧 *Diaspidiotus gigas* (Thiem *et* Gerneck, 1934)

【异名】*Quadraspidiotus gigas*。

【别名】杨圆蚧、杨笠圆盾蚧。

【英文名称】Poplar scale。

【分类地位】圆盾蚧族 Aspidiotini，双圆盾蚧属 *Diaspidiotus* Cockerell。

【识别要点】雌介壳圆形或近圆形，直径 1.8~2mm，中心略突，有 3 圈轮纹，中心淡褐色，内圈黑灰色，外圈灰白色；蜕皮橘黄色，位于中央或略偏。雄介壳椭圆形，形如雌介壳，长 1~1.5mm。雌成虫体老熟时硬化，倒梨形，浅黄色。

【生物学】寄生在枝干上。此蚧在 20 世纪 70~80 年代是宁夏、内蒙古包头市主要害虫之一。受害严重植株，介壳重叠密布。此蚧在宁夏 1 年发生 1 代，以二龄若虫越冬。

【寄主】柳、杨。

【分布】河北、山西、内蒙古、吉林、辽宁、黑龙江、甘肃、新疆。俄罗斯，土耳其，欧洲。

为害状

269. 斯拉夫双圆盾蚧 *Diaspidiotus slavonicus* (Green, 1934)

【异名】*Quadraspidiotus slavonicus* (Green)。

【别名】杨齿盾蚧、斯拉夫圆盾蚧、突笠圆盾蚧。

【分类地位】圆盾蚧族 Aspidiotini，双圆盾蚧属 *Diaspidiotus* Cockerell。

【识别要点】雌介壳圆形，直径约 2mm，高突，白色或灰白色，蜕皮黄褐色或橘红色，偏向一边；雄介壳长形，较小，长约 1mm。雌成虫体倒卵形，长 1.00~1.33mm，年轻时橙色，老熟时全体硬化，橙黄色或灰褐色。

【生物学】寄生在枝条和幼树的主干上。在宁夏 1 年发生 2 代，以二龄若虫越冬，少数以一龄若虫越冬的无法存活。翌春 3 月树液开始流动时越冬若虫开始为害。雄虫于 3 月底开始化蛹，4 月下旬至 5 月上旬羽化，6 月中旬为第 1 代若虫出现盛期，8 月中旬为第 2 代若虫出现盛期。

【寄主】柳、杨、胡杨、白杨，以及蔷薇科和厚皮香属植物。

【分布】河北、内蒙古、山西、辽宁、吉林、河南、安徽、江苏、陕西、甘肃、宁夏、新疆。俄罗斯，伊朗，伊拉克，中亚。

为害状

270. 凤梨白盾蚧 *Diaspis bromeliae* (Kerner, 1778)

【别名】菠萝盾蚧、凤梨盾蚧、凤梨白背盾蚧。

【英文名称】Pineapple scale。

【分类地位】盾蚧族 Diaspidini，白盾蚧属 *Diaspis* Costa。

【识别要点】雌介壳圆形，扁平，很薄，半透明，白色；蜕皮淡褐色，偏离中心。雌成虫体长陀螺形，前体部和臀斑前腹节两侧有明显瓣状突出，黄色或橙黄色。

【生物学】主要寄生在叶片上。

【寄主】凤梨、龙舌兰、木槿等。

【分布】广东、海南、台湾。日本，韩国，埃及，土耳其，美国夏威夷，欧洲。

为害状

雌成虫

271. 仙人掌白盾蚧 *Diaspis echinocacti* (Bouche, 1833)

【别名】仙人掌白背盾蚧、仙人掌盾蚧。

【英文名称】Cactus scale。

【分类地位】盾蚧族 Diaspidini，白盾蚧属 *Diaspis* Costa。

【识别要点】雌介壳近圆形，直径 1.8~2.5mm，略隆起，不透明，白色，有时略带黄色；蜕皮在中央，污褐色至黑色，2 个相重叠。壳薄，贴于植物上。雄介壳长形，长约 1mm，白色，膜质，背面中部有纵脊，侧脊不显，蜕皮淡黄色至褐色。雌成虫体长约 1.2mm，宽约 1mm，梨形，前端很宽圆，后端略尖，黄色。

【生物学】寄生在肉质茎上。

【寄主】仙人掌、仙人棒、仙人球、蟹爪兰、昙花、令箭荷花等仙人掌科植物。

【分布】宁夏、内蒙古、陕西、山西、北京、广东、海南、广西、浙江、湖南、江苏、福建、江西、云南、四川。日本，韩国，南亚，非洲，欧洲，美洲。

为害状

272. 日本单蜕盾蚧 *Fiorinia japonica* Kuwana, 1903

【别名】日本围盾蚧、松针蚧、日本尖角盾蚧。

【英文名称】Coniferous fiorinia scale。

【分类地位】盾蚧族 Diaspidini，单蜕盾蚧属 *Fiorinia* Targioni-Tozzetti。

【识别要点】雌介壳主要由第 2 蜕皮形成，长椭圆形，长 1.0~1.3mm，两侧近平行，其上有一层薄蜡，黄褐色或深褐色；通常中部有暗色区及不明显的中纵脊，壳的周围有一圈白色蜡缘；第 1 蜕皮在头端突出，黄色。雌成虫长卵形，淡橙黄色。雄介壳长形，两侧几乎平行，白色溶蜡状。

【生物学】多寄生在针叶正面。

【寄主】油松、白皮松、雪松、黑松等松属植物。

【分布】北京、河北、天津、河南、山东、陕西、江苏、福建、四川。日本，韩国，印度，斯里兰卡，菲律宾，毛里求斯，美国，大洋洲。

雌介壳

为害状

273. 象鼻单蜕盾蚧 *Fiorinia proboscidaria* Green, 1900

【分类地位】盾蚧族 Diaspidini，单蜕盾蚧属 *Fiorinia* Targioni-Tozzetti。

【识别要点】雌介壳长纺锤形，长约 2.0mm，背中纵脊明显，黄褐色至茶褐色。雌成虫亦纺锤形，两端变狭。头端有 1 象鼻状突起，为本种的重要鉴别特征。

【生物学】寄生在叶片上。

【寄主】柑橘、罗汉松、杉木、茶树、胡椒。

【分布】河北、浙江、福建、台湾、广东、广西、江西、上海、云南。日本，印度，斯里兰卡，斐济。

雌成虫玻片标本

为害状

雌、雄介壳

274. 竹鞘丝绵盾蚧 *Froggattiella penicillata* (Green, 1905)

【别名】刷尾齿盾蚧、须豁齿盾蚧。

【英文名称】Penicillate scale。

【分类地位】绵盾蚧族 Odonaspidini，丝绵盾蚧属 *Froggattiella* Leonardi。

【识别要点】雌介壳长卵形，前端宽且略隆起，后半窄，白色或浅褐色。蜕皮黄褐色，在头端近中部。腹介壳厚，完整。雌成虫体卵形，白色。

【生物学】寄生在叶鞘下茎和节上。

【寄主】毛竹、刚竹、淡竹、紫竹、佛肚竹等竹类。

【分布】北京、江苏、浙江、广东、上海、湖北、山东、台湾。日本，俄罗斯，印度，斯里兰卡，菲律宾，伊朗，阿尔及利亚，美国。

雌介壳

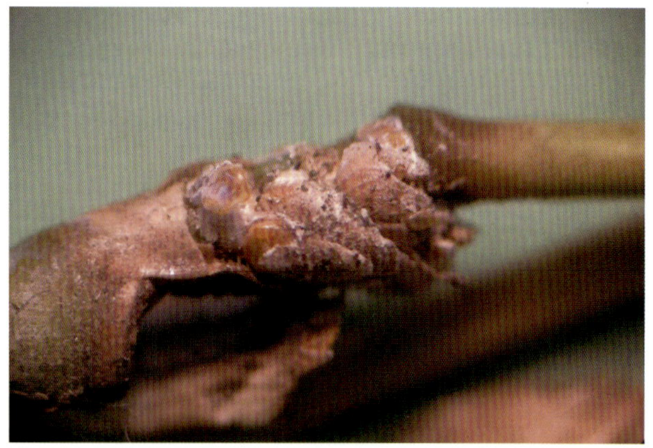
为害状

275. 长丝盾蚧 *Greenaspis elongata* (Green, 1896)

【别名】竹盾蚧、长盾蚧。

【分类地位】盾蚧族 Diaspidini，丝盾蚧属 *Greenaspis* MacGillivray。

【识别要点】雌介壳细长，前端窄，后端稍宽，两侧扭曲，长 2.5~3.5mm，白色或黄白色。蜕皮淡黄色。雌成虫体细长，两侧近平行，淡黄色。

【生物学】寄生在叶片正面。

【寄主】毛竹、青篱竹、紫竹、箬竹、芦苇。

【分布】安徽、广东、福建、台湾、浙江、云南、四川。日本，印度，斯里兰卡，泰国，马来西亚。

雌介壳

276. 松突圆蚧 *Hemiberlesia pitysophila* Takagi, 1969

【别名】松栉圆盾蚧。

【英文名称】pine needle scale；pine armored scale。

【分类地位】圆盾蚧族 Aspidiotini，突圆蚧属 *Hemiberlesia* Cockerell。

【识别要点】雌介壳初期近圆形，后期椭圆形，扁平，中心略突，白色、灰白色或灰黄色；蜕皮位于介壳中心或略偏，橘黄色。虫体宽梨形，淡黄色。

【生物学】群集于叶鞘基部、针叶、新抽嫩梢基部、新球果等幼嫩组织上。

【寄主】马尾松、湿地松、黑松等松属植物。

【分布】广东、广西、江西、福建、香港、台湾、澳门。日本，韩国。

雌介壳

雌成虫

为害状

277. 留片线盾蚧 *Kuwanaspis pseudoleucaspis* Kuwana, 1902

【别名】竹须盾蚧、竹长盾蚧、拟白须盾蚧。

【英文名称】Bamboo diaspidid。

【分类地位】盾蚧族 Diaspidini，线盾蚧属 *Kuwanaspis* MacGillivary。

【识别要点】雌介壳长牡蛎形，前端收缩，背部隆起，白色；蜕皮黄色，位于前端。虫体长纺锤形，在胸、腹部交接处有深缺刻，黄色。

【生物学】主要寄生在竹茎上。

【寄主】毛竹、凤尾竹、刺竹、苦竹等。

【分布】浙江、安徽、福建、台湾、广西、四川。日本，韩国，俄罗斯，土耳其，阿尔及利亚，法国，意大利，美国。

雌介壳

为害状

278. 黄蚓线盾蚧 *Kuwanaspis vermiformis* (Takahashi, 1931)

【别名】蠕须盾蚧。

【分类地位】盾蚧族 Diaspidini，线盾蚧属 *Kuwanaspis* MacGillivary。

【识别要点】雌介壳很狭长，线状，两侧近平行，通常弯曲，背面隆起，长约 2mm，白色；蜕皮在前端，黄褐色。雌虫体细长，长为宽的 5 倍多。

【生物学】寄生在叶正面。

【寄主】毛竹、麻竹。

【分布】福建、广州、台湾、云南。马达加斯加。

雌介壳

279. 紫疤蛎盾蚧 *Lepidosaphes beckii* (Newman, 1869)

【异名】*Mytilaspis beckii* (Newman); *Cornuaspis beckii* (Newman)。

【英文名称】Purple scale。

【分类地位】蛎盾蚧族 Lepidosaphedini，蛎盾蚧属 *Lepidosaphes* Shimer。

【识别要点】雌介壳牡蛎形，体长约 2.5mm，前端狭，后端很宽，常弯曲，隆起，有很多横皱轮纹，红褐色至紫色；蜕皮在前端，第 1 蜕皮黄色，第 2 蜕皮红色；腹介壳白色，薄。雄介壳与雌介壳形状、色泽和质地相同，但较小，长约 1.2mm。雌成虫纺锤形，长约 0.92mm，黄白色。

【生物学】寄生在树皮、叶片和果实上。

【寄主】杨、柑橘、九里香、无花果、巴豆、栎、紫杉、葡萄等植物。

【分布】江苏、广东、广西、台湾、香港、贵州、宁夏。

雌介壳

雌成虫

280. 苏铁疤蛎盾蚧 *Lepidosaphes cycadicola* Kuwana, 1931

【异名】*Cornuaspis cycadicola*。

【别名】苏铁牡蛎蚧。

【分类地位】蛎盾蚧族 Lepidosaphedini，蛎盾蚧属 *Lepidosaphes* Shimer。

【识别要点】雌介壳牡蛎形，前狭后宽，略弯曲，褐色；蜕皮突出于前端。雌成虫纺锤形，黄白色。

【生物学】寄生在叶片和枝条上。

【寄主】苏铁、散尾葵、黄荆、金桂、秋枫、九里香、山乌桕。

【分布】广西、广东、海南、福建、台湾、宁夏。日本。

雌成虫玻片标本

雌介壳

为害状

281. 松蛎盾蚧 ***Lepidosaphes pini*** **(Maskell, 1890)**

【异名】*Insulaspis pini*；*Mytilaspis pini*。

【别名】松牡蛎蚧、杉蛎盾蚧。

【英文名称】Pine oystershell scale。

【分类地位】蛎盾蚧族 Lepidosaphedini，蛎盾蚧属 *Lepidosaphes* Shimer。

【识别要点】雌介壳牡蛎形，长约 2.5mm，前端狭，向后略宽，背面隆起，光滑而有光泽，后端部分有横纹，浅褐色，边缘有狭而色浅之边，蜕皮在头端突出，浅黄色。雄介壳色泽、形状及质地同雌介壳，长约 1mm。雌成虫长纺锤形，后半部扩大，长约 0.9mm，最宽 0.39mm，黄白色。

【生物学】寄生在针叶上，特别是针叶基部。

【寄主】赤松、黑松、油松、罗汉松、杉木。

【分布】北京、宁夏、山东、辽宁、长江以南。日本，韩国，美国。

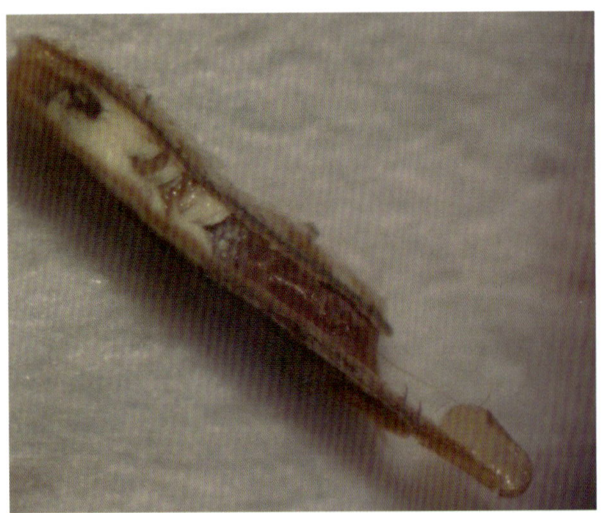
雌成虫

雌介壳

为害状

282. 兰蛎盾蚧 *Lepidosaphes pinnaeformis* (Bouche, 1851)

【异名】*Eucornuaspis machili* (Maskell)。

【别名】兰疣蛎盾蚧、角眼牡蛎蚧。

【英文名称】Cymbidium scale。

【分类地位】蛎盾蚧族 Lepidosaphedini，蛎盾蚧属 *Lepidosaphes* Shimer。

【识别要点】雌介壳长牡蛎形，常弯曲，背面隆起，有明显的弯曲轮纹，黄褐色至深褐色，有浅色边；蜕皮在前端，橙黄色。虫体长纺锤形，白色至淡紫色。

【生物学】寄生在树皮及叶片上。

【寄主】香樟、肉桂、八角、兰花。

【分布】上海、海南、安徽、台湾。日本，韩国，俄罗斯，印度，越南，澳大利亚，美国，欧洲。

雌介壳

雌成虫

为害状

283. 柳蛎盾蚧 *Lepidosaphes salicina* Borchsenius, 1958

【别名】柳牡蛎蚧。

【分类地位】蛎盾蚧族 Lepidosaphedini，蛎盾蚧属 *Lepidosaphes* Shimer。

【识别要点】雌介壳长牡蛎形，前狭后阔而弯曲，在近末端处分裂成“人”字形，长 3.5~4mm，宽 1.0~1.5mm，深褐色，边缘灰白色，表面常被一薄层蜡粉。表面粗糙，有鳞片状横向轮纹。蜕皮 2 个，椭圆形，深褐色，突出在前端。雄介壳褐色，长约 1.2mm。雌成虫长纺锤形，体长约 1.6mm，宽 0.72~0.78mm，黄白色。

【生物学】寄生在主干和枝条上。

【寄主】柳、桦树、杨、核桃、榆树、稠李、丁香、忍冬、枣、椴树、蔷薇。

【分布】宁夏、内蒙古、新疆、辽宁、吉林、黑龙江。日本，朝鲜，蒙古，俄罗斯。

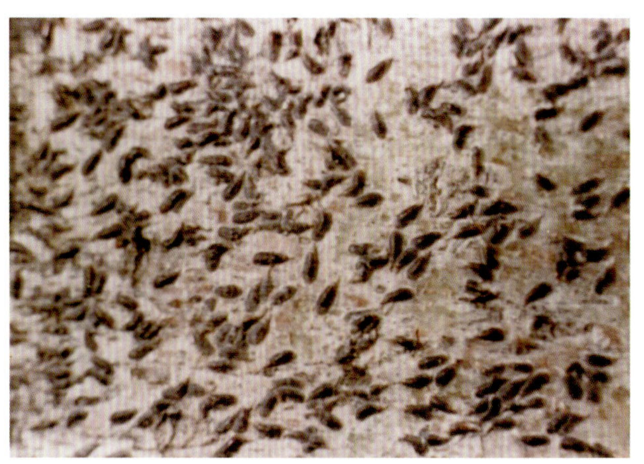

为害状

284. 榆蛎盾蚧 *Lepidosaphes ulmi* (Linnaeus, 1758)

【别名】榆牡蛎蚧。

【英文名称】Oystershell scale。

【分类地位】蛎盾蚧族 Lepidosaphedini，蛎盾蚧属 *Lepidosaphes* Shimer。

【识别要点】雌介壳长牡蛎形，长 3~3.8mm，稍弯曲，前端尖狭，末端宽圆，背面隆起，有明显的横纹，暗灰色、暗褐色、茶褐色。蜕皮位于前端，第 1 蜕皮橙黄色，第 2 蜕皮灰紫色。雄介壳质地和颜色同雌介壳，长约 1.6mm，宽约 0.5mm。雌成虫纺锤形，头胸部很狭，以腹部第 2 节为最宽，长约为宽的 2 倍。体长 2~2.5mm，宽 1~1.2mm。黄白色或橙黄色。

【生物学】为害枝条和树干，在向阳挡雨的部位特别多。

【寄主】广泛，为害多种植物，是苹果、梨的重要害虫之一，亦为害桃、李树、葡萄等其他果树和蔷薇科、榆科和壳斗科植物。

【分布】河北、黑龙江、宁夏、新疆、山西、山东、四川、江苏、江西、广东、云南、安徽。日本，韩国，伊拉克，埃及，欧洲，美洲，大洋洲。

苹果树枝上的雌介壳

285. 杨蛎盾蚧 *Lepidosaphes yanagicola* Kuwana, 1925

【别名】杨牡蛎盾蚧、红瑞木牡蛎蚧。

【异名】*Mytilaspis yanagicola*。

【分类地位】蛎盾蚧族 Lepidosaphedini，蛎盾蚧属 *Lepidosaphes* Shimer。

【识别要点】雌介壳长牡蛎形，前狭后宽，背面隆起，褐色至暗褐色，边缘灰白色；长 1.5~2.5mm，宽 0.4~0.8mm，蜕皮位于介壳前端；蜕皮橙黄色；腹面白色，中间有一条纵沟。雄介壳颜色与形状似雌介壳，后方微微加宽，长约 1mm，宽约 0.25mm。雌成虫体长卵形，乳白色或淡黄色，臀板深黄色。

【生物学】寄生在干、枝上。

【寄主】红瑞木、小青杨、白杨、赤杨、柳、桑、洋槐、椴树、白蜡。

【分布】宁夏、新疆、山东、云南。日本，韩国，俄罗斯，美国。

为害红瑞木

286. 吊钟林圆盾蚧 *Lindingaspis rossi* (Maskell, 1891)

【异名】*Chrysomphalus rossi*。

【别名】夹竹桃林盾蚧、蔷薇轮圆盾蚧。

【分类地位】圆盾蚧族 Aspidiotini，林圆盾蚧属 *Lindingaspis* MacGillivray。

【识别要点】雌介壳圆形，直径 2~3mm, 扁平，中央略隆起，褐色至黑色；蜕皮位于中心，漆黑色。雌成虫体阔圆形，白色或淡紫色。

【生物学】寄生在叶片上。

【寄主】榕树、秋茄、杧果、火棘、椰子等。

【分布】福建、台湾。日本，南亚，非洲，欧洲，美洲，大洋洲。

雌介壳

雌、雄介壳

287. 日本长白盾蚧 *Lopholeucaspis japonica* (Cockerell, 1897)

【异名】*Lopholeucaspis hydrangeae* (Takahashi)。

【别名】杨白片盾蚧、梨白片盾蚧、日本长白蚧。

【英文名称】Japanese maple scale。

【分类地位】片盾蚧族 Parlatoriini，长白盾蚧属 *Lopholeucaspis* Balachowsky。

【识别要点】雌介壳主要由第 2 蜕皮组成，长棒形或长纺锤形，长 1.60~1.80mm，宽 0.50~0.63mm，直或略弯曲，红褐色，覆盖一厚层白色不透明分泌物，背面隆起；蜕皮暗棕色。雄介壳和雌介壳相似，但较小，长 0.80~1.00mm，宽 0.40~0.60mm。雌成虫虫体长纺锤形，白色，长约为宽的 3 倍，膜质。

【生物学】主要寄生在树皮上，发生严重时也为害叶片。

【寄主】小青杨、榆树、榕树、木兰、绣球花、枫香、杨、苹果、梨、蔷薇、金雀花、槭树、葡萄、枇杷、丁香、海桐、柃木、杜鹃、红叶李。

【分布】国内广泛分布。日本，朝鲜，俄罗斯，土耳其，美国，巴西。

为害红叶李树皮

288. 短刺白泥盾蚧 *Nikkoaspis brevispina* Tian, Zheng & Xing, 2020

【分类地位】盾蚧族 Diaspidini，白泥盾蚧属 *Nikkoaspis* Kuwana。

【识别要点】雌介壳长纺锤形，背面突起，白色，有许多横皱纹；蜕皮位于前端，第 1 蜕皮黑褐色，第 2 蜕皮黑褐色，但中部有长方形白蜡带。雌成虫长纺锤形，前端细，后 1/4 处最宽，末端宽圆。橙黄色。

【生物学】寄生在竹叶正面叶脉处。

【寄主】竹。

【分布】贵州。

雌成虫介壳

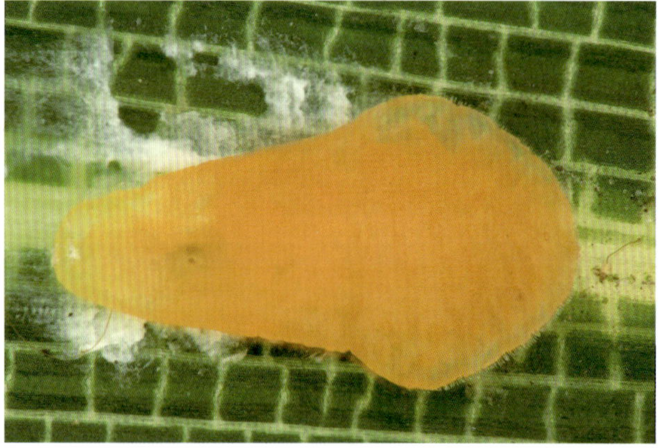
雌成虫

289. 格氏绵盾蚧 *Odonaspis greenii* Cockerell, 1902

【别名】葛氏齿盾蚧、金环齿盾蚧。

【分类地位】绵盾蚧族 Odonaspidini，绵盾蚧属 *Odonaspis* Leonardi。

【识别要点】雌介壳白色，近圆形，腹介壳厚，蜕皮偏向一边。雄介壳白色，长形，蜕皮在一端。雌成虫体长约 1.3mm，近圆形，体节侧叶显著，且略硬化。

【生物学】寄生在叶鞘下茎上。

【寄主】青篱竹、佛肚竹、罗汉竹。

【分布】福建、宁夏、云南、湖北。斯里兰卡，美国夏威夷。

雌介壳

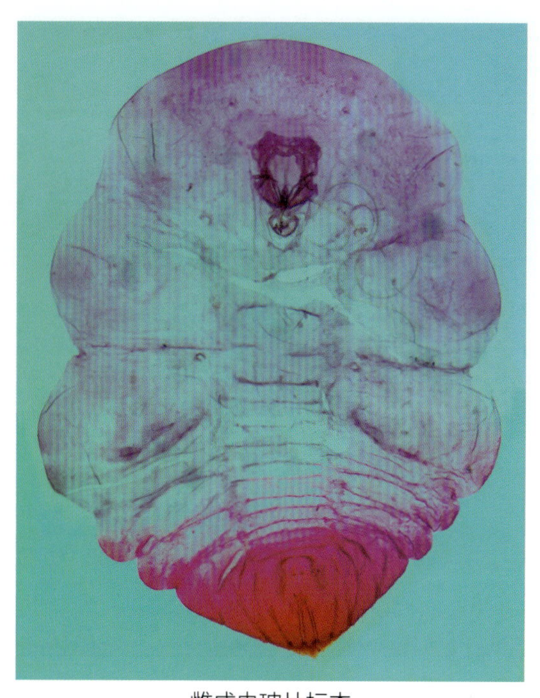
雌成虫玻片标本

雄介壳

290. 黄杨粕片盾蚧 *Parlagena buxi* (Takahashi, 1936)

【别名】黄杨芝糠蚧、黄杨粕盾蚧。

【英文名称】Buxi scale。

【分类地位】片盾蚧族 Parlatoriini，粕片盾蚧属 *Parlagena* McKenzie。

【识别要点】雌介壳卵形，长约 1.0mm，宽约 0.6mm，灰白色或白色，蜕皮黑色，呈锥状突出于后端。第 1 蜕皮呈椭圆形，在头端边缘；第 2 蜕皮长椭圆形，占介壳主要部分。雄介壳细长形，白色，蜕皮黑色，在头端边缘之内。雌成虫体卵圆形，体长约 0.7mm，宽约 0.6mm，黄白色或淡紫色。

【生物学】寄生在嫩枝和叶片上。

【寄主】小叶黄杨、雀舌黄杨、瓜籽黄杨、卫矛、枣。

【分布】北京、河北、宁夏、内蒙古、山西、上海、江苏、浙江、陕西。伊朗。

雌、雄介壳

为害状

291. 麻黄片盾蚧 *Parlatoria asiatica* Borchsenius, 1949

【分类地位】 片盾蚧族 Parlatoriini，片盾蚧属 *Parlatoria* Targioni-Tozzetti。

【识别要点】 雌介壳卵形，长约 1.1mm，宽约 0.6mm，灰白色或白色，蜕皮黑色，呈锥状突出于后端。第 1 蜕皮呈椭圆形，在头端边缘；第 2 蜕皮卵形，占介壳主要部分。

【生物学】 寄生在枝条上。

【寄主】 麻黄。

【分布】 新疆。蒙古，伊朗，亚美尼亚，塔吉克斯坦，乌兹别克斯坦，土库曼斯坦。

为害状

雌介壳

292. 山茶片盾蚧 *Parlatoria camelliae* Comstock, 1881

【别名】 山茶糠蚧。

【分类地位】 片盾蚧族 Parlatoriini，片盾蚧属 *Parlatoria* Targioni-Tozzetti。

【识别要点】 雌介壳长卵圆形，长约 1.5mm，宽约 0.75mm，背面适度隆起，白色或灰白色。若虫蜕皮卵圆形，褐色，边缘色浅，背中常有纵脊。雄介壳长形，灰色。

【生物学】 寄生在叶片上。

【寄主】 杜鹃、榕树、楠木、罗汉松、龙舌兰。

【分布】 福建、台湾、广东、云南。

为害状

雌、雄介壳

293. 橄榄片盾蚧 *Parlatoria oleae* (Colvée, 1880)

【英文名称】 Olive scale。

【分类地位】 片盾蚧族 Parlatoriini，片盾蚧属 *Parlatoria* Targioni-Tozzetti。

【识别要点】 雌介壳圆形或阔卵形，略隆起，白色或灰白色，蜕皮偏向前端，暗褐色至绿黄色。虫体宽卵形，初期紫色，后变为暗红色、褐色。

【生物学】 寄生在茎干、枝条、叶片和果实上，常在叶片中脉两侧。

【寄主】 香梨、油橄榄、柑橘、山楂、苹果、石榴、葡萄等多科植物。

【分布】 江苏、广东、广西、福建、台湾、四川、云南、新疆、陕西、甘肃。印度，巴基斯坦，斯里兰卡，欧洲，美洲，非洲。

为害香梨果实

为害枝条

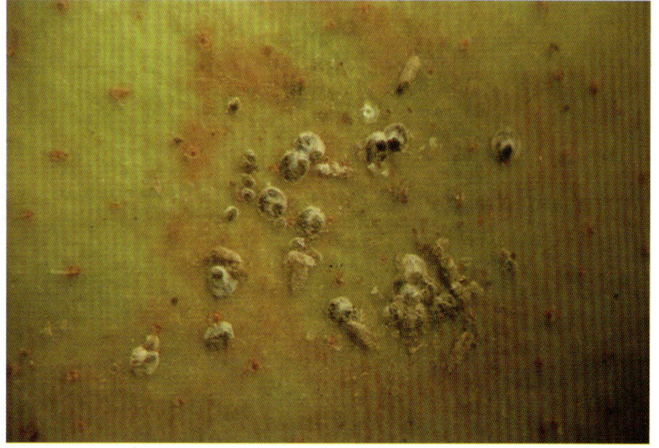

雌、雄介壳

294. 糠片盾蚧 *Parlatoria pergandii* Comstock, 1881

【别名】橘紫介壳虫、橘黑介壳虫、片糠蚧。

【英文名称】Chaff scale；Pergande's scale。

【分类地位】片盾蚧族 Parlatoriini，片盾蚧属 *Parlatoria* Targioni-Tozzetti。

【识别要点】雌介壳长圆形或不正椭圆形，长 1.5~2.0mm，扁平，薄，常有皱纹，白色、灰色或浅褐色。蜕皮 2 个，均有背中脊，位于介壳前缘，第 1 蜕皮椭圆形，暗绿褐色，叠在第 2 蜕皮前缘或稍突出；第 2 蜕皮卵圆形，大，黄褐色或深褐色。雄介壳狭小，两侧近平行，长约 0.9mm，灰白色；蜕皮暗绿色或黑色，在介壳前端。雌成虫阔卵形，长约 0.8mm，紫色。

【生物学】可寄生在嫩枝背阴处、叶片背面及果实上。主要寄生在叶片上。

【寄主】柑橘、柠檬、苹果、樱桃、枸杞、桂花、茉莉、卫矛、大叶黄杨等 200 多种植物。

【分布】长江以南各地及北方温室。日本，韩国，南亚，欧洲，非洲，美洲，大洋洲。

雌介壳（1）

雌介壳（2）

为害状

295. 黄片盾蚧 *Parlatoria proteus* (Curtis, 1843)

【别名】黄糠蚧。

【英文名称】Proteus scale。

【分类地位】片盾蚧族 Parlatoriini，片盾蚧属 *Parlatoria* Targioni-Tozzetti。

【识别要点】雌介壳椭圆形，黄褐色，边缘灰白色或白色，质地薄而脆，半透明。2 个蜕皮壳位于介壳头端。第 2 蜕皮较大，常为深褐色。雄介壳较小，长形，深褐色或近黑色，蜕皮壳较大，方形或长方形，位于介壳头端。雌成虫呈宽椭圆形，中胸和后胸部较宽阔，紫色。

【生物学】主要寄生于叶片、枝条或果实上。受害部位发生凹陷，其周围失去绿色。1 年可能发生 2 代，以雌性成虫或卵越冬。

【寄主】散尾葵、苏铁、松、凤尾竹、柑橘、墨兰、石斛、杧果、蓬莱藤、桂花、蝴蝶兰、罗汉松、葡萄等 58 种植物。

【分布】宁夏、山西、山东、河北、河南、云南、四川、湖南、江苏、浙江、广西、广东、福建、江西、湖北、陕西。亚洲，非洲，欧洲，美洲。

为害状

296. 茶片盾蚧 *Parlatoria theae* Cockerell, 1896

【别名】茶糠蚧。

【英文名称】tea parlatoria scale。

【分类地位】片盾蚧族 Parlatoriini，片盾蚧属 *Parlatoria* Targioni-Tozzetti。

【识别要点】雌介壳宽卵形，长约 2mm，微微隆起，淡黄色至灰黄色，透明；蜕皮位于介壳前端，黑色或墨绿色。雄介壳同雌介壳，长约 1.1mm。雌虫体椭圆形，浅紫色。

【生物学】多数寄生在枝梢，少数寄生在果实或叶片。1 年发生 2 代，以受精雌成虫越冬。翌春产卵于虫体下，第一代产卵在 3 月中旬，第二代产卵在 7 月中旬。

【寄主】茶树、山茶、大叶黄杨、女贞、棕竹、罗汉松、苹果、梨、槭树等数十种植物。

【分布】河北、浙江、江苏、江西、福建、湖南、广东、云南、山东。日本，朝鲜，菲律宾，俄罗斯，欧洲，北非，美国。

雌、雄介壳

297. 黑点片盾蚧 *Parlatoria ziziphi* (Lucas, 1853)

【别名】黑点蚧。

【英文名称】Black parlatoria scale。

【分类地位】片盾蚧族 Parlatoriini，片盾蚧属 *Parlatoria* Targioni-Tozzetti。

【识别要点】雌介壳宽椭圆形，长 1.5~2.0mm，宽 0.65~0.75mm，黑色，具有 2 或 3 条纵脊，被有透明蜡层，边缘有白色分泌物；蜕皮黑色，第 2 蜕皮很大，坚硬，背面有 1 条宽而深的纵沟。雄介壳长形，小，灰白色，蜕皮椭圆形，漆黑色，在介壳最前端。虫体椭圆形，胸部两侧各有 1 个耳状突起，黄褐色。

【生物学】通常寄生在叶片上，也可为害枝条和果实。

【寄主】柑橘类植物。

【分布】南方及华北地区。日本，韩国，欧洲，非洲，美洲，大洋洲。

柚子叶片上的雌、雄介壳

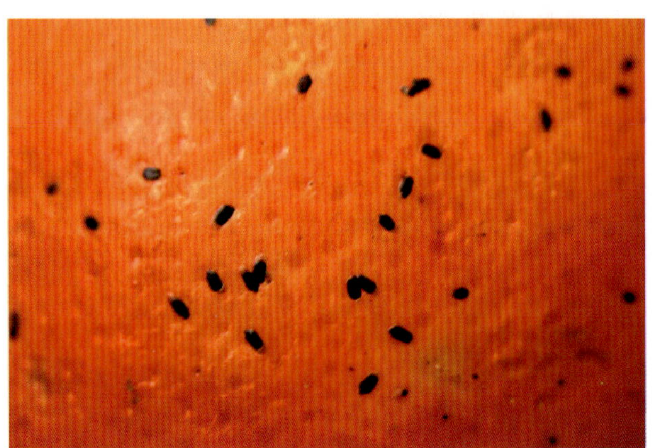
橙果上的雌介壳

298. 百合并盾蚧 *Pinnaspis aspidistrae* (Signoret, 1869)

【别名】柑橘并盾蚧、一叶并盾蚧、蜘蛛抱蛋并盾蚧。

【英文名称】Fern scale。

【分类地位】盾蚧族 Diaspidini，并盾蚧属 *Pinnaspis* Cockerell。

【识别要点】雌介壳一般长梨形或豆点形，长 1.8~2.5mm，宽 1~1.5mm，前端尖窄，后端阔圆、弯曲；介壳坚实而粗，黄褐色至褐色；蜕皮淡黄色，位于前端，第 1 蜕皮有一半伸出第 2 蜕皮外。黄褐色，蜕皮。雄介壳长形，长 0.8~1.0mm，宽 0.2~0.3mm；溶蜡状，背具 3 脊；蜕皮位于前端。雌成虫体长纺锤形或细长形，淡黄色。

【生物学】主要寄生在叶片上，也可为害树皮和果实。1 年发生 2 代，以受精雌成虫越冬。翌春产卵；第一代成虫在 7~8 月发生，第二代成虫在 10 月发生。

【寄主】沿阶草、柑橘、樟、无花果、百合等。

【分布】内蒙古、山东、江西、浙江、福建、广东、广西、四川、云南、贵州、宁夏、台湾。世界广布。

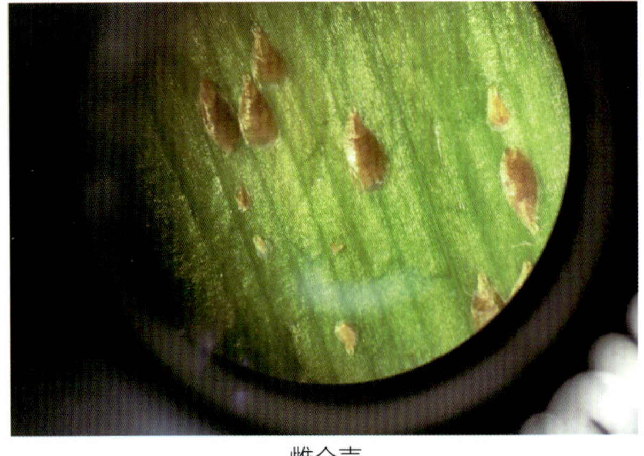
雌介壳

雌成虫

299. 黄杨并盾蚧 *Pinnaspis buxi* (Bouche, 1851)

【别名】黄杨褐点盾蚧。

【分类地位】盾蚧族 Diaspidini，并盾蚧属 *Pinnaspis* Cockerell。

【识别要点】雌介壳梨形，前窄后阔，长约为宽的 2 倍，长 1~1.5mm，宽 0.5~0.6mm；蜕皮位于前端，淡黄色。雄介壳长扁条形，末端圆，溶蜡状，具 3 脊；蜕皮在前端，灰黄色。雌成虫长卵形，黄色。

【生物学】寄生于叶面和枝条，且多寄生于叶背面。严重时造成植株死亡。

【寄主】黄杨、石柑子、无花果、茶树、木槿等近 40 属植物。

【分布】北京、宁夏、山东、台湾、福建、广西、四川、云南。日本，韩国，印度，菲律宾，美国，欧洲，大洋洲。

雌、雄介壳

为害状

300. 柽柳原盾蚧 *Prodiaspis sinensis* (Tang, 1986)

【异名】*Prodiaspis tamaricicola* Young，1984；*Circodiaspis sinensis* Tang，1986。

【别名】中国盘盾蚧。

【分类地位】盾蚧族 Diaspidini，原盾蚧属 *Prodiaspis* Young。

【识别要点】雌介壳卵圆形，白色，隆起，背壳厚；第 1 蜕皮橙黄色，处于偏心位置；腹壳在边缘处厚；第 2 蜕皮前浅黄色，薄，被厚层蜡质包围，从外面看不到它。雄介壳近圆形，白色，较扁平，背壳薄。雌成虫卵圆形。

【生物学】寄生在柽柳枝干上，尤其以当年新抽第一次枝条基部数量居多。在宁夏银川 1 年发生 2 代，以受精雌成虫于介壳内在柽柳枝干上越冬。

【寄主】达乌里木柽柳、多枝柽柳。

【分布】宁夏、新疆、内蒙古。

为害状

301. 三叶网纹圆盾蚧 *Pseudaonidia trilobitiformis* (Green, 1896)

【异名】*Aspidiotus trilobitiformis*。

【别名】蛇目网盾蚧、半蚌圆盾蚧。

【分类地位】圆盾蚧族 Aspidiotini，网纹圆盾蚧属 *Pseudaonidia* Cockerell。

【识别要点】雌介壳圆形，或由于叶脉阻挡呈半圆形，直径 2.5~3.0mm，背面稍突起，淡褐色或黄褐色；蜕皮淡橙色或红褐色，位于介壳中央或近中央。雌成虫老熟时体壁硬化，长梨形，体长约 1.3mm，暗红色；头和前胸宽广，与中胸间有明显缢缩；臀板末端较平截。

【生物学】主要寄生在植物叶片上，多沿叶脉寄生。

雌、雄介壳

雌成虫

【寄主】茶树、樟、柑橘、山茶、含笑、杜鹃、茉莉、桂花、月季、蔷薇、柿、梨、杏、兰花等。

【分布】陕西、四川、云南、广东、广西、香港、江西、浙江、福建、台湾等地。日本，南亚，非洲，南美洲。

为害状

雌成虫玻片标本

302. 考氏白盾蚧 *Pseudaulacaspis cockerelli* (Cooley, 1897)

【异名】 *Phenacaspis cockerelli*。

【别名】 椰子拟轮蚧、椰白盾蚧、广菲盾蚧、全瓣臀凹盾蚧。

【英文名称】 False olender scale。

【分类地位】 盾蚧族 Diaspidini，白盾蚧属 *Pseudaulacaspis* MacGillivray。

【识别要点】 雌介壳梨形，长 2~4mm，前窄后宽，扁平，白色，蜕皮突出头端，黄褐色。雄介壳长形，黄白色，蜡质，具一浅中脊，长 1.2~1.5mm。雌成虫体纺锤形，前胸或中胸常膨大，淡黄色。

【生物学】 主要在叶片上沿叶脉寄生。

【寄主】 猕猴桃、梨、玉兰、山茶、枸骨、含笑、夜来香、夜合花、散尾葵、白兰、桂花、杜英等 40 多种植物。

【分布】 宁夏、内蒙古、陕西、甘肃、浙江、广东、海南、广西、福建、台湾。日本，朝鲜，韩国，俄罗斯，南亚，美国夏威夷，大洋洲。

雌介壳

雌成虫

为害杜英叶片

303. 柞白盾蚧 *Pseudaulacaspis kuishiuensis* (Kuwana, 1909)

【分类地位】 盾蚧族 Diaspidini，白盾蚧属 *Pseudaulacaspis* MacGillivray。

【识别要点】 雌介壳长纺锤形，长 2.0~3.0mm，白色，蜕皮浅黄色，在前端。雌成虫纺锤形，黄白色，长约 1.7mm，宽约 0.9mm。

【生物学】 寄生在枝条上。

【寄主】 板栗、丝栗、日本栗、栎类。

【分布】 北京、山东、安徽、浙江、福建、台湾、广东、云南。日本，韩国。

雌介壳

为害状

304. 桑白盾蚧 ***Pseudaulacaspis pentagona*** **(Targioni-Tozzeti, 1886)**

【别名】桑拟轮盾蚧、桑盾蚧、桑白蚧。

【英文名称】White peach scale。

【分类地位】盾蚧族 Diaspidini，白盾蚧属 *Pseudaulacaspis* MacGillivray。

【识别要点】雌介壳近圆形或卵形，直径 2.0~2.5mm，白色、黄色或灰白色，背面略隆起；蜕皮黄褐色，偏生介壳一侧。雄介壳长形，两侧平行，背面有不明显的纵脊 3 条，白色溶蜡状；蜕皮黄色，位于前端。雌虫体陀螺形，浅黄色。

【生物学】常寄生于枝条上，介壳相重叠，密密连成一起，呈一片白色。也可为害果实，在桃果上寄生时周围果皮呈橙红色。1 年发生 2 代，以受精雌成虫在枝干上越冬。

雌介壳

【寄主】桑、桃、李树、杏、栎、杨、柳、梨、葡萄、白蜡、柑橘、榆树、山茶等 120 个属植物。

【分布】北京、河北、山西、宁夏、内蒙古、陕西、甘肃、山东、辽宁、湖南、河南、江西、江苏、湖北、浙江、福建、广东、广西、云南、台湾。世界广布。

注：我国南方还有梅白盾蚧 *Pseudaulacaspis prunicola*（Maskell, 1895）与本种近缘，外形难以区分。

雄介壳

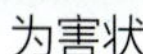
为害状

雌成虫

305. 芒草毕盾蚧 *Pygalataspis miscanthi* Ferris, 1921

【别名】芒蒿毕盾蚧、茅毕齿盾蚧、篦盾蚧。

【分类地位】绵盾蚧族 Odonaspidini，毕盾蚧属 *Pygalataspis* Ferris。

【识别要点】雌介壳狭长形，长约 2.5mm，宽约 0.7mm，黄白色至棕黄色，2 个若虫蜕皮突出于前端。雄介壳细长，两侧近平行，长约 1.0mm，宽约 0.25mm，白色；蜕皮 1 个，棕色，位于前端。介壳背面常粘有寄主植物的白色蜡粉。雌成虫阔椭圆形，长 1~1.25mm。

【生物学】寄生在植物叶鞘下茎秆上。

【寄主】芒草。

【分布】福建、广东、香港、台湾。

为害状

雌介壳

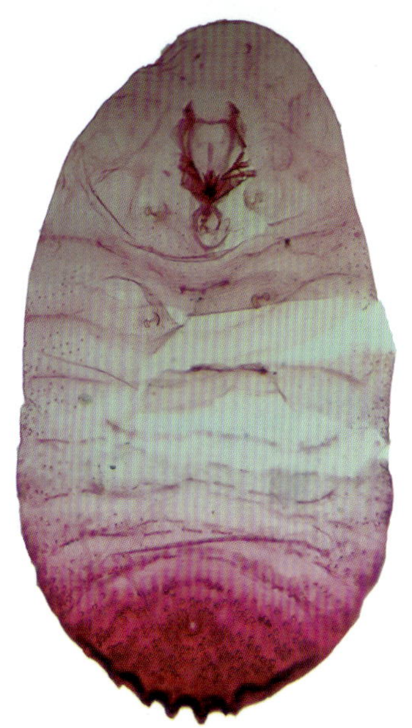
雌成虫玻片标本

306. 中华翼盾蚧 *Silvestraspis uberifera* (Lindinger, 1911)

【异名】*Silvestraspis sinensis* Bellio, 1929。

【别名】中华翼片盾蚧、翼盾蚧。

【分类地位】片盾蚧族 Parlatoriini，翼盾蚧属 *Silvestraspis* Belio。

【识别要点】雌介壳卵形，长约 0.75mm，完全由 2 个蜕皮组成，无成虫分泌物。第 1 蜕皮椭圆形，叠在第 2 蜕皮上，前端伸出约 1/3，白色且透明。第 2 蜕皮土褐色或橙黄色，中间有很大 1 块绿色或黑色斑纹，两侧各有 1 个浅颜色斑。雌成虫体菱形，两侧各有 1 个长而粗的角状突出，伸向侧后方，形如两翼，为翼盾蚧属的重要识别特征。

【生物学】寄生在叶片正面。

【寄主】蒲桃、肉桂。

【分布】广东、海南、福建、香港、台湾。印度尼西亚，菲律宾，柬埔寨。

雌介壳

为害蒲桃叶片

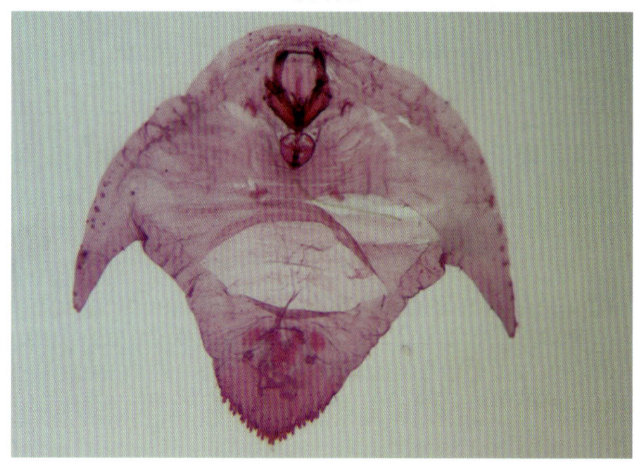

雌成虫玻片标本

307. 香港缨蜕盾蚧 *Thysanofiorinia leei* Williams, 1971

【分类地位】盾蚧族 Diaspidini，缨蜕盾蚧属 *Thysanofiorinia* Balachowskey。

【识别要点】雌介壳主要由第 2 蜕皮组成。近圆形至阔卵形，后端较窄，扁平，长约 1.0mm，淡黄褐色，具光泽；第 1 蜕皮位于前端，一半突出于介壳外，淡黄色。雄介壳较小，长约 0.6mm，白色，附有白色棉絮状和丝状杂乱的分泌物，成为毛茸状。

【生物学】常寄生在叶片背面。

【寄主】荔枝、龙眼。

【分布】香港、广东、海南、福建、台湾。印度，美国夏威夷。

雌介壳

雄介壳

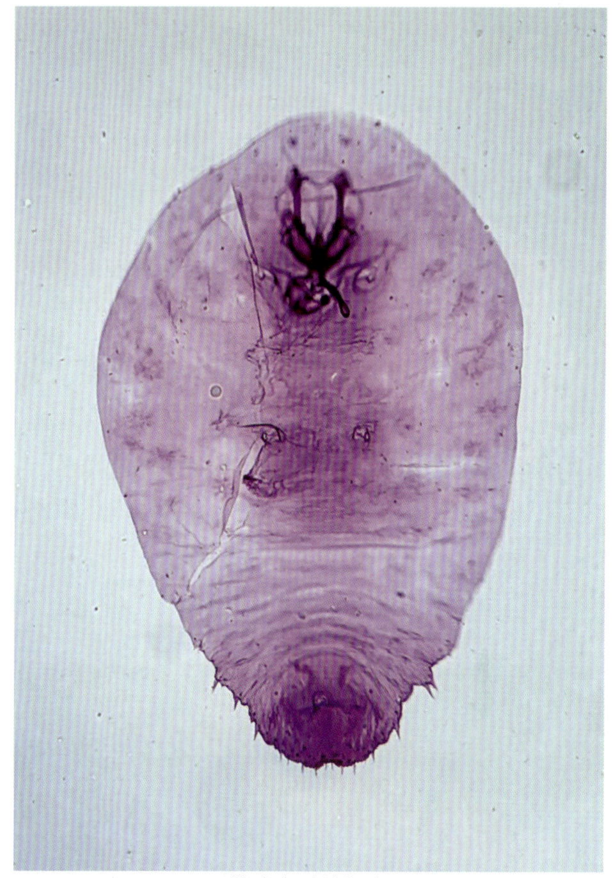
雌成虫玻片标本

308. 毛竹釉盾蚧 *Unachionaspis bumbusae* (Cockerell, 1896)

【别名】竹尤盾蚧、竹釉盾蚧。

【分类地位】盾蚧族 Diaspidini，釉盾蚧属 *Unachionaspis* MacGillivray。

【识别要点】雌介壳梨形，长约 2.0mm，宽约 1.3mm，略突，雪白色，第 1 蜕皮淡黄色，第 2 蜕皮黄色，突出于前端。雌成虫长纺锤形，黄白色。

【生物学】寄生在叶片背面。

【寄主】毛竹等竹类。

【分布】安徽、上海、浙江、江西、贵州、四川。日本。

雌介壳

309. 纺锤釉盾蚧 *Unachionaspis tenuis* (Maskell, 1897)

【异名】*Fiorinia tenuis*；*Chionaspis sakaii* Takahashi。

【别名】薄尤盾蚧、紫竹釉盾蚧。

【分类地位】盾蚧族 Diaspidini，釉盾蚧属 *Unachionaspis* MacGillivray。

【识别要点】雌介壳梨形或近圆形，体缘常有缺刻，长约 2mm，白色，质薄而平。雌成虫纺锤形，胸部和前腹部各节侧突明显，长约 0.8mm，黄色。

【生物学】寄生在竹叶反面基部。

【寄主】刚竹、苦竹、箬竹等。

【分布】浙江、福建、贵州、陕西。日本，朝鲜，韩国，俄罗斯，美国。

雌介壳、雌成虫及卵（1）

雌介壳、雌成虫及卵（2）

为害状

310. 卫矛尖盾蚧 *Unaspis euonymi* (Comstock, 1881)

【别名】卫矛矢尖盾蚧。

【英文名称】Euonymus scale。

【分类地位】盾蚧族 Diaspidini，尖盾蚧属 *Unaspis* MacGillivray。

【识别要点】雌介壳长梨形，常弯曲，前端尖，后端宽，褐色至紫色，背中有 1 条浅纵脊；蜕皮 2 个，黄褐色，突出于前端。雄介壳细长，白色溶蜡状，有 3 纵脊，壳点 1 个，在头端突出。雌成虫宽纺锤形，体长 1.1~1.36mm，宽 0.48~0.7mm，橙黄色。

【生物学】寄生于叶的正反两面，正面居多，枝条比较少。雌虫主要寄生在枝干上，雄虫主要寄生在叶片上。

【寄主】大叶黄杨、宽叶卫矛、正木、美洲南蛇藤、女贞、丁香、忍冬。

【分布】北京、宁夏、内蒙古、江苏、广西、广东、陕西、四川、山东。日本，朝鲜，斯里兰卡，埃及，伊朗，以色列，土耳其，俄罗斯，欧洲，美国，阿根廷。

大叶黄杨叶片上的雌、雄介壳

311. 矢尖盾蚧 *Unaspis yanonensis* (Kuwana, 1928)

【别名】矢尖蚧、箭头蚧。

【英文名称】Arrow head scale。

【分类地位】盾蚧族 Diaspidini，尖盾蚧属 *Unaspis* MacGillivray。

【识别要点】雌介壳梭形或箭头形，介壳长 2.5~3.5mm，宽 1.5~2.0mm，具 1 条明显中纵脊，紫褐色，边缘白色；蜕皮 2 个，突出在头端，黄褐色。腹介壳白色。雄介壳细长，长 1.2~1.5mm，白色溶蜡状，具 3 条中纵脊；蜕皮黄褐色，突出在头端。雌成虫体长茄形，体长约 2.0mm，宽约 0.66mm，橙色。体前部硬化，约占 2/3 体长。

【生物学】寄生在叶片正面。

【寄主】柑橘、柚、金桂、龙眼、茶树、板栗。

【分布】河北、山西、宁夏、内蒙古、湖南、湖北、四川、江苏、浙江、广西、广东、陕西、福建、山东、台湾、贵州、安徽。日本，韩国，缅甸，印度，菲律宾，亚美尼亚，法国，意大利，澳大利亚，斐济。

雌、雄介壳

为害柚子叶片

雌介壳

主要参考文献

巴赫谢尼乌斯 H C，1956. 中国介壳虫区系材料Ⅰ. 为害柑橘的粉介壳虫（介壳虫总科：粉介壳虫科）[J]. 昆虫学报，（01）：101–106.

巴赫谢尼乌斯 H C，1958. 中国蚧虫区系材料Ⅲ. 牡蛎蚧族的几个新种（同翅目：蚧总科）[J]. 昆虫学报，（02）：168–173.

巴赫谢尼乌斯 H C，1960. 中国蚧虫区系材料Ⅴ. 在中国东部和东北部为害果树和葡萄的蚧虫（同翅目：蚧总科）[J]. 昆虫学报，（02）：214–221.

陈方洁，1937. 浙产介壳虫四新种 [J]. 昆虫与植病，5：382–388.

陈方洁，1954. 柑橘上的一种新介壳虫 [J]. 昆虫学报，4：165–169.

陈方洁，1974. 柑橘上蜡蚧属一新种 [J]. 昆虫学报，17：325–328.

陈方洁，1983. 中国雪盾蚧族 [M]. 成都：四川科学技术出版社，1–174.

程桂芳，韩晓梅，武三安，2006. 北京市发现国槐新害虫 [J]. 植物保护，32（4）：119–120.

崔巍，高宝嘉，1995. 华北经济树种主要蚧虫及其防治 [M]. 北京：中国林业出版社，210.

邓鋆，李海斌，王戍勃，等，2014. 我国大陆一新入侵种：七角星蜡蚧（半翅目：蚧总科：蚧科）[J]. 应用昆虫学报，51（1）：278–282.

高兆宁，1999. 宁夏农业昆虫图志（第 3 集）[M]. 北京：中国农业出版社，56–57，106–107.

韩晓梅，赵锡京，程桂芳，等，2007. 槐树长珠蚧的生物学特性 [J]. 昆虫知识，44（6）：847–849.

何衍彪，詹如林，李伟才，等，2011. 我国荔枝上的一种新害虫 [J]. 环境昆虫学报，33（1）：126–127.

胡金林，谢国林，1982. 绒蚧属一新种——丝球绒蚧及其生物学 [J]. 南京林产工业学院学报，4：75–82.

胡兴平，李士竹，1986. 头蚧科一新种记述 [J]. 山东农业大学学报，17（4）：75–80.

胡兴平，1986. 山东省红蚧科研究与三新种记述 [J]. 昆虫分类学报，8（4）：291–316.

李葛，王戍勃，武三安，2018. 我国新发现一种入侵介壳虫——藤壶蜡蚧（半翅目：蚧次目：蚧科）[J]. 应用昆虫学报，55（3）：527–532.

李海斌，武三安，2013. 外来入侵新害虫——无花果蜡蚧 [J]. 应用昆虫学报，50（5）：1295–1300.

李效禹，1995. 盐池县宁夏胭蚧为害甘草成灾 [J]. 植保技术与推广，04：38.

廖定熹，1997. 中国经济昆虫志：第 34 册 [M]. 北京：科学出版社 .

刘崇乐，1979. 中国经济昆虫志：第 5 册 . 鞘翅目：瓢虫科 [M]. 北京：科学出版社 .

刘永杰，石毓亮.1993. 中国绛蚧属三新种记述（同翅目：蚧总科：绛蚧科）[J]. 山东农业大学学报，24（4）：417–426.
吕渊，武三安，2011. 中国竹类粉蚧一新属一新种（半翅目：蚧总科：粉蚧科）[J]. 动物分类学报，36（2）：395–399.
南楠，陈阿兰，武三安，2011. 中国毡蚧科一新种和两新记录种（半翅目：蚧总科）[J]. 动物分类学报，36（3）：757–764.
欧炳荣，洪广基，1990. 云南紫胶虫新种记述 [J]. 昆虫分类学报，7（1）：15–17.
齐晓丰，武三安，2008. 中国链蚧科新记录种——欧洲栎链蚧 [J]. 植物检疫，22（2）：102–103.
仇玲，武三安，2020. 中国发现一种新入侵害虫——桧柏木坚蚧（半翅目：蚧总科：蚧科）[J]. 环境昆虫学报，43（2）：775–779.
任顺祥，王兴民，庞虹，等，2009. 中国瓢虫原色图鉴 [M]. 北京：科学出版社.
汤祊德，郝静钧，1995. 中国珠蚧科及其它 [M]. 北京：中国农业科技出版社，1–738.
汤祊德，李杰，1989. 内蒙古蚧害考查 [M]. 呼和浩特：内蒙古大学出版社，1–222.
汤祊德，1992. 中国粉蚧科 [M]. 北京：中国农业科技出版社，1–768.
汤祊德，1990. 中国蚧科 [M]. 太原：山西高校联合出版社，1–424.
汤祊德，1977. 中国园林主要蚧虫（第一卷）[M]. 沈阳：沈阳市园林科学研究所，太谷：山西农学院，1–260.
汤祊德，1984. 中国园林主要蚧虫（第二卷）[M]. 太谷：山西农业大学，1–133.
汤祊德，1986. 中国园林主要蚧虫（第三卷）[M]. 太谷：山西农业大学，1–305.
王爱静，席勇，甘露，2006. 新疆林果花草蚧虫及其防治 [M]. 乌鲁木齐：新疆科学技术出版社，160.
王建义，武三安，唐桦，等，2009. 宁夏蚧虫及其天敌 [M]. 北京：科学出版社，1–274.
王珊珊，武三安，2009. 中国大陆新纪录种——石蒜绵粉蚧 [J]. 植物检疫，23（4）：35–37.
王戌勃，武三安，2014. 中国大陆一种新害虫：马缨丹绵粉蚧.（半翅目：蚧总科：粉蚧科）[J]. 应用昆虫学报，51（4）：1098–1103.
王雪莲，武三安，2016. 中国大陆一种甘蔗新害虫——东亚蔗粉蚧 [J]. 热带作物学报，37（7）：1357–1362.
王子清，邱元英，1986. 园林介壳虫新种记述 [J]. 昆虫学报，29（3）：302–305.
王子清，张晓菊，1990. 危害玉蜀黍的葵粉蚧属新种记述 [J]. 昆虫学报，33（4）：450–452.
王子清，2001. 中国动物志昆虫纲（第 22 卷）蚧总科：粉蚧科、绒蚧科、蜡蚧科、链蚧科、盘蚧科、壶蚧科、仁蚧科 [M]. 北京：科学出版社，1~611.
王子清，1982. 中国经济昆虫志（第 24 册）同翅目：粉蚧科 [M]. 北京：科学出版社，1–119.
王子清，1994. 中国经济昆虫志（第 43 册）同翅目：蚧总科 [M]. 北京：科学出版社，1–302.
魏筱，武三安，2004. 中国毡蚧科一新种记述（同翅目：毡蚧科）[J]. 北京林业大学学报，26（4）：61–65.
翁振宇，陈淑佩，周樑镒，1999. 台湾常见介壳虫图鉴 [M]. 行政院农业委员会农业试验所特刊，89：1–98.

吴福桢，高兆宁，郭予元，1982. 宁夏农业昆虫图志（第 1 集）[M]. 银川：宁夏人民出版社，70–71，158–159.

吴福祯，高兆宁，郭予元，1982. 宁夏农业昆虫图志（第 2 集）[M]. 银川：宁夏人民出版社 .

吴福桢，高兆宁，1978. 宁夏农业昆虫图志（修订版）[M]. 北京：农业出版社 .

吴世君，1984. 筛安粉蚧属一新种记述 [J]. 昆虫学报，27（2）：226–228.

吴世君，1988. 筛安粉蚧属一新种 [J]，昆虫学报，31（1）：77–78.

武三安，2007. 花生新珠蚧的学名考证 [J]. 昆虫分类学报，29（3）：199–204.

武三安，俞思佳，付怀军 .2001. 北京发现的一种园林新害虫 [J]. 植物检疫，2：44–45.

武三安，贾彩娟，1997. 中国星粉蚧属一新种及二新记录种 [J]. 昆虫学研究进展 . 288–292.

武三安，张润志，2009. 威胁棉花生产的外来入侵新害虫——扶桑绵粉蚧 [J]. 昆虫知识，46（1）：159–162.

武三安，郑乐怡，2001. 粉蚧科一新属一新种 [J]. 昆虫分类学报，22（3）：191–196.

武三安，程桂芳，2006. 中国长珠蚧属一新种记述（同翅目：珠蚧科）[J]. 林业科学，42（4）：62–64.

武三安，齐晓丰，2006. 园林新害虫——南美枝粉蚧 [J]. 植物检疫，20（6）：355.

武三安，魏筱，2003. 中国毡蚧科一新记录种——樱桃隙毡蚧 [J]. 北京林业大学学报，25（4）：84.

武三安，南楠，吕渊，2010. 中国大陆一新入侵种——美地绵粉蚧 [J]. 昆虫分类学报，32（增刊）：8–12.

武三安，1999. 中国北部马头蚧属一新种记述 [J]. 昆虫分类学报，21（2）：115–119.

武三安，2000. 皑粉蚧属中国种类记述（同翅目：粉蚧科）[J]. 南开大学学报，（2）：102–106.

武三安，2001. 安粉蚧族 Antoninini 中国种类记述 [J]. 北京林业大学学报，23（2）：43–48.

武三安，2000. 中国黑粉蚧属及其近似属种类记述 [J]. 动物分类学报，25（2）：162–170.

武三安，2000. 中国绵粉蚧属种类记述 [J]. 动物分类学报，25（1）：58–72.

武三安，1996. 槭树绵粉蚧生物学特性研究初报 [J]. 森林病虫通讯 .（2）：31，39

武三安，2009. 中国大陆有害蚧虫名录及组成成分分析（半翅目：蚧总科）[J]. 北京林业大学学报，31（4）：55–63.

武三安，2010. 粉蚧科一新属一新种 [J]. 动物分类学报，35（4）：902–904.

武英达，武三安，2016. 中国星粉蚧属一新纪录种（半翅目：蚧总科：粉蚧科）[J]. 环境昆虫学报，38（1）：200–204.

夏向向，武三安，2012. 中国粉蚧科一新纪录种（半翅目：蚧总科：粉蚧科）[J]. 动物分类学报，37（2）：436–439.

萧刚柔，1992. 中国森林昆虫：增订本 [M]. 北京：中国林业出版社.

徐公天，杨志华，2007. 中国园林害虫 [M]. 北京：中国林业出版社 .

徐志宏，黄建，2004. 中国介壳虫寄生蜂志 [M]. 上海：上海科学技术出版社 .

薛明，张之光，1990. 云南链壶蚧属一新种（蚧总科：壶蚧科）[J]. 山东农业大学学报，21（4）：36–40.

杨彩霞，高立原，1998. 甘草胭蚧发生危害与防治 [J]. 植物保护 . 24（1）：27–28.

杨集昆，胡兴平，1994. 广西桂花树的桑名蚧属新种（同翅目：珠蚧科）[J]. 广西科学，（02）：29–31.

杨平澜，1982. 中国介壳虫分类概要 [M]. 上海：上海科学技术出版社 .

张江涛，武三安，2016. 中国拂粉蚧属一新记录种（半翅目：蚧总科：粉蚧科）[J]. 环境昆虫学报，38（5）：1061–1065.

张江涛，武三安，2015. 我国大陆一新入侵种——木瓜秀粉蚧 [J]. 环境昆虫学报，37（2）：441–446.

张学范，1998. 日仁蚧属一新种记述 [J]. 华东昆虫学报，7（2）：7–8.

张学范，1992. 中国竹链蚧属研究脊新种记述 [J]. 南京林业大学学报，16（3）：63–69.

赵明，武三安，2017. 我国草坪草一种新害虫——双毛鲁丝蚧 [J]. 草业科学，34（7）：1530–1533.

周尧，1982. 中国盾蚧志：第 1 卷 [M]. 西安：陕西科学技术出版社 .

周尧，1985. 中国盾蚧志：第 2 卷 [M]. 西安：陕西科学技术出版社 .

周尧，1986. 中国盾蚧志：第 3 卷 [M]. 西安：陕西科学技术出版社 .

BORCHSENIUS N S. 1960. Notes on the Coccoidea of China. IX. Descriptions of some new genera and species of Magarodidae, Eriococcidae and Pseudococcidae (Homoptera: Coccoidea) . Scientific results of the Chinese-Soviet expeditions of 1955- 1957 to south western China [J]. [In Russian]. Entomologicheskoe Obozrenye, 39: 914–938.

BORCHSENIUS N S. 1962. Notes on the Coccoidea of China .X. Descriptions of Pseudococcidae (Homoptera: Coccoidea) . Scientific results of the Chinese-Soviet expeditions of 1955-1957 to South western China [J]. [In Russian]. Entomologicheskoe Obozrenye, 41: 583–595.

BORCHSENIUS N S. 1962. Notes on the Coccoidea of China. XI. New genera and Species of Psudococcidae (Homoptera) . (Scientific results of the Chinese-Soviet expeditions in 1955-1957 to south-western China [J]) .[In Russian].Trudy Zoologicheskogo Instituta, Leningrad, 30: 221–224.

BORCHSENIUS N S. 1958. Notes on the Coccoidea of China. II. Descriptions of some new species of Pseudococcidae, Aclerdidae and Diaspididae (Homoptera: Coccoidea) .[In Russian]. Entomologicheskoe Obozrenye, 37: 156–173.

DANZIG E M. 1980. Scale insects of Far east SSSR (Homoptera, Coccinea) with phylogenetic analysis of scale insects fauna of the world [M].[In Russian]. Nauka,Leningrad, 366.

DANZIG E M, GAVRILOV I A. 2014. Palaearctic mealybugs (Homoptera: Coccinea: Pseudococcidae), Part 1: Subfamily Phenacoccinae[M]. Russian Academy of Sciences, Zoological Institute St. Petersbury, 678.

DANZIG E M, GAVRILOV I A. 2015. Palaearctic mealybugs (Homoptera: Coccinea: Pseudococcidae), Part 2: Subfamily Pseudococcinae[M]. Zoological Institute, Russian Academy of Sciences, St. Petersbury, 619.

EZZAT Y M, MCCONELL H S. 1956. A classification of the mealybug Tribe Planococcini (Pseudococcidae, Homoptera[J]). Bulletin University of Maryland Agricultural Experiment Station, A-84:1–108.

FERRIS G F. 1950. Atlas of the scale insects of North America.Series V. The Pseudococcidae (PartI)[M]. Stanford University Press, Califonia 278.

FERRIS G F. 1953. Atlas of the scale insects of North American.The Pseudococcidae (Part II)[M]. Standford University Press, Califonia, 279–506.

FERRIS G F. 1950a.Report upon scale insects collected in China (Homoptera: Coccoidea). Part I.(Contribution no. 66[J]). Microentomology, 15:1–34.

FERRIS G F. 1954.Report upon scale insects collected in China (Homoptera: Coccoidea). Part V[J]. Microentomology, 19:51–66.

FERRIS G F. 1950. Report upon scale insects collected in China (Homoptera: Coccoidea). Part II[J]. Microentomology, 15:70–124.

FERRIS G F. 1921. Some Coccidae from Eastern Asia. Bulletin of Entomological Research, 12:211–220.

GARCIA MORALES M, DENNO B D, MILLER D R, el ta. ScaleNet: A literature-based model of scale insect biology and systematics [D/OL]. Database. Available from: http://scalenet.info; doi: 10.1093/database/bav118 (accessed 24 February 2022).

GAVRILOV-ZIMIN I.A. 2018. Ontogenesis, morphology and higher classification of archacococcids (Homoptera: Coccinea: Orthezoiidea) [J]. Zoosystematica Rossica, (2):1–264.

GILL R J. 1998. The Scale Insects of California, Part 1. The Soft Scales (Homoptera: Coccoidea: Coccidae)[M]. CDFA, Sacramento, California, 1–132.

GILL R J. 1988. The Scale Insects of California: Part 1. The Soft Scales (Homoptera : Coccoidea : Coccidae)[M]. CDFA Sacramento, CA 132.

GIMPEL W F, MILLER D R, DAVIDSON J A. 1974. A systematic revision of the wax scales, genus Ceroplastes, in the United States (Homoptera; Coccoidea; Coccidae) [J] Agric. Exp. Sta., University of Maryland, Miscellaneous Publication, 841,1–85.

GULLAN P J, COOK, L.G. 2007. Phylogeny and higher classification of the scale insects (Hemiptera: Sternorrhyncha: Coccoidea) [J]. Zootaxa, 1668: 413–425.

HE X Y, HAN Y Y, WU S A. 2018. A new species of *Leptopulvinaria* Kanda from China, with a key to species (Hemiptera, Coccomorpha, Coccidae)[J]. Zookeys, 781: 59–66.

HENDRICKS H, M KOSZTARAB. 1999. Revision of the Tribe Serrolecaniini (Homoptera: Pseudococcidae)[M]. De Gruter, Berlin & New York, 213.

HODGSON C J, HENDERSON R C. 2000. Coccidae (Insecta: Hemiptera: Coccoidea)[M]. Manaaki Whenua Press, Lincoln, Canterbury, New Zealand, 259.

HODGSON C J, MARTIN J H. 2001. Three noteworthy scale insects (Hemiptera : Coccoidea) from Hong Kong and Singapore, including *Cribropulvinaria tailungensis*, new genus and species (Coccidae), and the status of the cycad-feeding Aulacaspis yasumatsui (Diaspididae) [J]. Raffles Bulletin of Zoology, 49(2): 227–250.

HODGSON C J, MARTIN J H. 2001. Three noteworthy scale insects (Hemiptera : Coccoidea) from Hong Kong and Singapore, including *Cribropulvinaria tailungensis*, new genus and species (Coccidae), and the status of the cycad-feeding Aulacaspis yasumatsui (Diaspididae) [J]. Raffles Bulletin of Zoology, 49(2): 227–250.

LI J N, XU HAN & WU S A. 2023.A new genus and species of giant mealybugs (Hemiptera: Coccomorpha: Monophlebidae) from eastern China[J]. *Zootaxa*, 2023, 5254 (3): 434–442.

JASHENKO R V. 1994. Some little known and two new Palearctic species of the genus *Drosicha*Walker (Coccinea, Margarodidae). Selevinia (1): 26–39.

KAWAI S. 1980. Scale Insects of Japan in Colours[M]. [In Japanese]. National Agricultual education Association, Tokyo, 455.

KONDO T, GULLAN P J. 2007. Taxonomic review of the lac insect genus *Paratachardina* Balachowsky (Hemiptera: Coccoidea: Kerriidae), with a revised key to genera of *Kerriidae* and description of two new species[J]. Zootaxa, 1617: 1–41.

KOSZTARAB M P, KOZAR F. 1988. Scale Insects of Central Europe[M]. Boletin del Museo de Entomologia de la Universidad del Valle Akademiai Kiado Budapest, 456.

KOSZTARAB M P. 1996. Scale insects of Northeastern North America. Identification, biology, and distribution[M]. Virginia Museum of Natural History Martinsburg, Virginia, 650.

KOZAR F. 2004. Ortheziidae of the World [M]. Budapest: Plant Protection Institute, Academy of Sciences, 525.

KOZAR F, KONCZNE BENEDICTY Z. 2007. Rhizoecinae of the world[M]. Plant Protection Institute, Hungarian Academy of Science, 617.

KOZAR F, KAYDAN M B, KONCZNE BENEDICTY Z, el ta. 2013. Acanthococcidae and related families of the Palaearctic Region [M]. Hungarian Academy of Sciences, Budapest, 679.

Li W C, TSAI M Y, WU S A. 2014. A review of the legged mealybugs on bamboo (Hemiptera: Coccoidea: Pseudococcidae) occurring in China[J]. Zootaxa, 3700(3): 370–398.

MARTIN J H, LAU C S K. 2011. The Hemiptera-Sternorrhyncha (Insecta) of Hong Kong, China-an annotated inventory citing voucher specimens and published records[J]. Zootaxa, 2847:1–122.

MASKELL W M. 1897. On a collection of Coccidae, Principlly from China and Japan[J]. Entomologist's Monthly Magazine, 33:239–244.

MILLER D R, DAVIDSON J A. 2005. Armored Scale Insect Pests of Trees and Shrubs Ithaca[M]. NY: Cornell Univ. Press.

MORRISON H. 1925. Classification of scale insects of the subfamily Ortheziinae [J]. Journal of Agricultural Research, 30: 97–154.

MORRISON H. 1928, A classification of the higher groups and genera of the coccid family Margarodidae [J]. United States Department of Agriculture Technical Bulletin, 52: 1–239.

MORRISON H. 1952. Classification of the Ortheziidae. Supplement to classification of scale insects of the subfamily Ortheziinae [J]. United States Department of Agriculture. Technical Bulletin, 1052: 1–80.

MURUYAMA M, KOMATSU T, KUDO S, SHIMADA T. & KINOMURA K. 2013, The guests of Japanese ant[M]. Tokai University Press, 208pp.

Nan N, Deng J, WU S A. 2013. A new felt scale genus *Macroporicoccus* gen. n. (Hemiptera: Coccoidea:

Eriococcidae) from China, with a redescription of *Macroporicoccus ulmi* (Tang & Hao) comb. n[J]. Zootaxa, 3722 (2): 170–182.

SILVESTRI F. 1926. Descrizione di un novo genere di Coccidae (Hemiptera) mirmecofilo della cina [J]. Bollettino del Laboratorio di Zoologia Generale e Agraria della R. Scuola Superior Agricoltura. Portici, 18: 271–275.

TAO C C C. 1999. List of Coccoidea (Homoptera) of China[M]. Taiwan Agricultural Research Institute, Special. publication. No.78.

TIAN F, ZHENG X Y, XING J C. 2021. Description of a new species of the genus *Nikkoaspis* Kuwana, 1928 (Hemiptera: Coccomorpha: Diaspididae) from China[J]. Zootaxa, 4949 (2): 363–370.

WANG X B, WU S A.2017. A review of species recognition in the *Phenacoccus* aceris species-group (Hemiptera: Coccomorpha: Pseudococcidae) using molecular and Morphological data[J]. Zootaxa, 4319(3): 483–509.

WANG F, FENG J N. 2012. A review of the genus *Megapulvinaria* Young (Hemiptera, Coccoidea, Coccidae) from China, with a description of a new species[J]. Zookeys, 228: 59–68.

WILLIAMS D J. 1985. Austalian mealybugs[J] British Museum (Natural History), London, 431.

WILLIAMS D J. 1998. Mealybugs of the genera *Eumyrmococcus* Silvestri and *Xenococcus* Silvestri associated with the ant genus *Acropyga* Roger and a review of the subfamily Rhizoecinae (Hemiptera, Coccoidea, Pseudococcidae) [J]. Bulletin of the British Museum (Natural History), Entomology, 67: 1–64.

WILLIAMS D J, WATSON G W. 1990. The Scale Insects of the Tropical South Pacific Region. Pt. 3: The Soft Scales (Coccidae) and Other Families[J]. CAB International Wallingford, 267.

WILLIAMS D J. 2004. Mealybugs of southern Asia[M]. The natural history museum & Southdene SDN,BHD, Kuala Lumpur, Malaysia, 1–896.

WILLIAMS D J. 1962. The British Pseudococcidae (Homoptera:Coccoidea). Bulletin of the British Museum (Natural History) Entomology, 12:1–79.

WILLIAMS D J, GRANARA DE WILLINK M C. 1992. Mealybugs of Central and South America[M]. CAB International, Wallingford, 635.

WILLIAMS D J, WASTON G W. 1988. The scale insects of the tropical South Pacific Region. Part 2: The mealybugs (Pseudococcidae)[M].CAB International Institute of Entomology, Wallingford, 260.

WU S A, WANG X B. 2019. A review species of the genus *Ceroplastes* (Hemiptera: Coccomorpha: Coccidae) in China[J]. Zootaxa, 4701(6): 520–536.

WU S A, HUANG S B, LIANG C G. 2020. Description of a new species of *Kermicus* Newstead (Hemiptera: Coccomorpha: Pseudococcidae) from bamboo in southeast China[J]. Zootaxa, 4859 (3): 440–450.

WU S A, Lu Y. 2012. Notes on the genera and species in the mealybug tribe Serrolecaniini Shinji (Hemiptera: Coccoidea: Pseudococcidae) from China with description of a new species[J]. Zootaxa, 3251: 30–46.

WU S A, NAN N. 2015. Description of the immature stages of Kuwanina betula Wu & Liu, with a discussion of its placement in the Acanthococcidae family group (Hemiptera: Coccoidea)[J]. Zootaxa, 3926 (4):

576–584.

WU S A, NAN N. 2012. *Neogreenia lonicera* sp. nov., a new species of Margarodidae *sensu lato* (Hemiptera: Coccoidea) from China, with a key to species of *Neogreenia* MacGillivray and placement of the genus in the family Kuwaniidae[J]. Zootaxa, 3274: 43–54.

WU S A, HUANG S B, DONG Q G. 2017. First-records of the family Xylococcidae (Hemiptera: Coccomorpha) in China, with description of a new species[J]. Zootaxa, 4312(3): 547–556.

WU S A, HUANG S B, DONG Q G. 2018. Descriptions of the adult male, prepupa and pupa of Xylococcus castanopsis Wu & Huang (Hemiptera: Coccomorpha: Xylococcidae)[J]. Zootaxa, 4438(2): 339–348.

WU S A, JIA C J, TANG F D. 1996. Two New Species of the Genus *Heliococcus* Sulc (Homoptera: Pseudococcidae)[J]. Entotaxonomia, 18 (4): 257–260.

WU S A, LIU J. 2009. A new species of the genus *Kuwania* from China (Hemiptea, Coccoidea, Eriococcidae)[J]. Zootaxonomia, 34(2): 221–223.

WU S A.2000. Descriptions of Immature stage and Male of *Cryptococcus ulmi* Tang et Hao with its Brief Biology[J]. Entotaxonomia, 22(4): 251–256.

WU S A. 2008. Morphology of *Kuwania bipora* Borchsenius (Hemiptera: Coccoidea: Margarodidae)[J]. Entotaxonomia, 30(3): 207–214.

WU S A, XU H & ZHENG X Y. 2022. A new coccoid family (Hemiptera: Coccomorpha) for an unusual species of scale insect on Podocarpus macrophyllus (Podocarpaceae) from southern China[J]. Zootaxa, 5120 (4): 543–558.

XU H, NING M W & WU S A. 2022. Descriptions of all the female developmental stages of *Endernia despoliata* Danzig, a gall-inducing pit scale (Hemiptera: Coccomorpha: Asterolecaniidae)[J]. Zootaxa, 5115 (3): 409–418.

ZHANG J T, WU S A. 2016. One new species of genus *Crisicoccus* Ferris (Hemiptera: Coccoidea: Pseudococcidae) with a key to Chinese species[J]. Zootaxa, 4117 (3): 440–450.

ZHANG Z S. 1992. A new species of *Metatachardia* (Chamberlin) from Yunnan, China (Homoptera: Tachardiidae)[J]. Oriental Insects, 26(1): 383–385.

ZHANG Z S. 1992. Description of a new genus and two new species of lac insects (Homoptera: Tachardiidae)[J]. Oriental Insects, 26(1): 386–390.

ZHANG Z S. 1993. Four new species of lac insects of the genera *Metatachardia* and *Kerria* China (Homoptera: Tachardiidae)[J]. Oriental Insects, 271: 273–286.

ZHENG X Y, XING J C. 2020. A new species of the genus *Nipponorthezia* (Hemiptera: Coccidomorpha: Ortheziidae) from China, with an identification key to all the species[J]. Zootaxa, 4786 (3):444–450.

ZHENG X Y, XING J C. 2021. A new species of the scale insect genus *Newsteadia* Green (Hemiptera: Coccomorpha: Ortheziidae) from China[J]. Zootaxa, 4981 (3): 481–505.

ZHENG X Y & WU S A. 2023. Morphology of all the developmental stages of *Neogreenia osmanthus* (Yang & Hu) (Hemiptera: Coccomorpha), and transfer of the genera *Neogreenia* MacGillivray and *Jansenus* Foldi to the family Qinococcidae[J]. *Zootaxa* , 5244 (2): 101–122.

ZHENG X Y & WU S A. 2023. A new genus and species of the scale insect family Qinococcidae (Hemiptera: Coccomorpha) from China[J]. Zootaxa, 2023.

蚧虫种类中文名索引
Index to Chinese names of scale insect species

蚧虫种类拉丁学名索引
Index to scientific names of scale insect species

蚧虫寄主植物索引
Index to hostplants

N

P

Q

R

S

图片索引

Index to scale insect species on mini-pictures

取食部位：针叶

中华松针蚧，第 32 页

紫藤灰粉蚧，第 72 页

桧柏臀纹粉蚧，第 95 页

红蜡蚧，第 164 页

桧柏木坚蚧，第 193 页

蒙古杉苞蚧，第 194 页

红肾圆盾蚧，第 215 页

松突圆蚧，第 233 页

松蛎盾蚧，第 236 页

取食部位：枝条上

取食部位：枝条上

罗汉松始珠蚧，第 27 页

柏杉优珠蚧，第 22 页

日本松干蚧，第 30 页

湿地松粉蚧，第 84 页

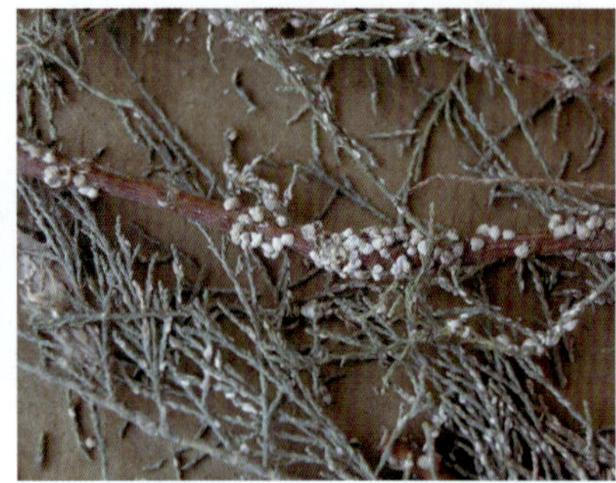
桧柏木坚蚧，第 193 页

远东杉苞蚧，第 194 页

取食部位：叶鞘内

取食部位：叶鞘内

九龙安粉蚧，第 57 页

米勒安粉蚧，第 57 页

拟白尾安粉蚧，第 60 页

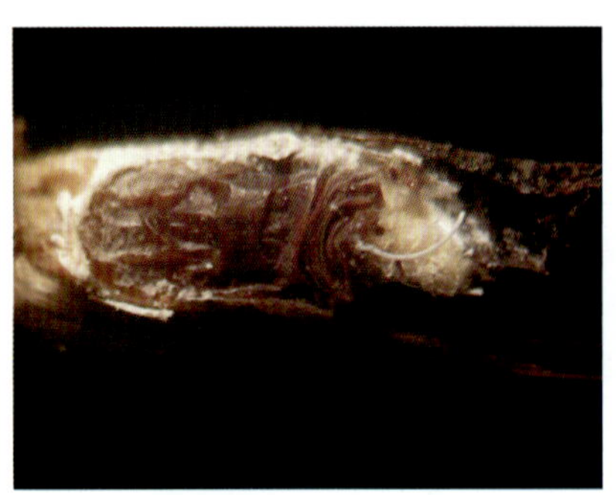
南岭安粉蚧，第 60 页

巨竹安粉蚧，第 61 页

广布安粉蚧，第 62 页

刺竹鞘粉蚧，第 65 页

马鞍山锥粉蚧，第 77 页

贵州拟囊粉蚧，第 87 页

九华囊粉蚧，第 96 页

费氏锯粉蚧，第 105 页

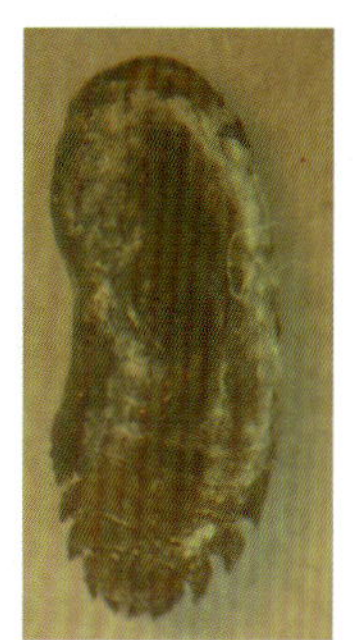
网孔锯粉蚧，第 105 页

河合锯粉蚧，第 106 页

细长汤粉蚧，第 108 页

赤竹仁蚧，第 209 页

高桥仁蚧，第 209 页

云南仁蚧，第 210 页

芦苇日仁蚧，第 210 页

箭竹日仁蚧，第 211 页

竹巢粉蚧，第 83 页

甘蔗灰粉蚧，第 70 页

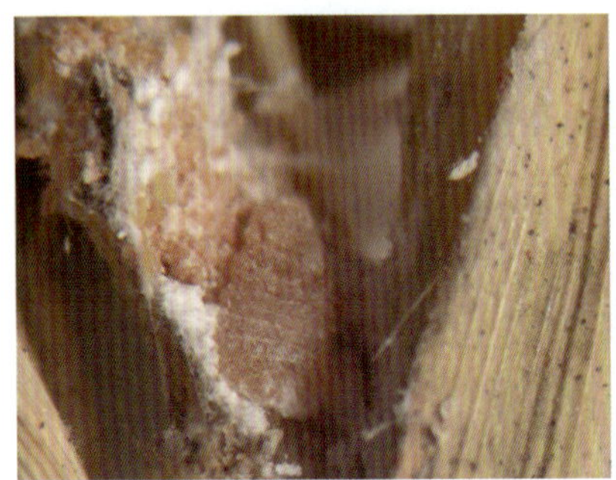
高桥平粉蚧，第 63 页

东亚费粉蚧，第 73 页

台湾芒粉蚧，第 81 页

芦苇新粉蚧，第 82 页

单竹椰粉蚧，第 85 页

热带蔗粉蚧，第 104 页

竹条粉蚧，第 110 页

欧洲喀毡蚧，第 122 页

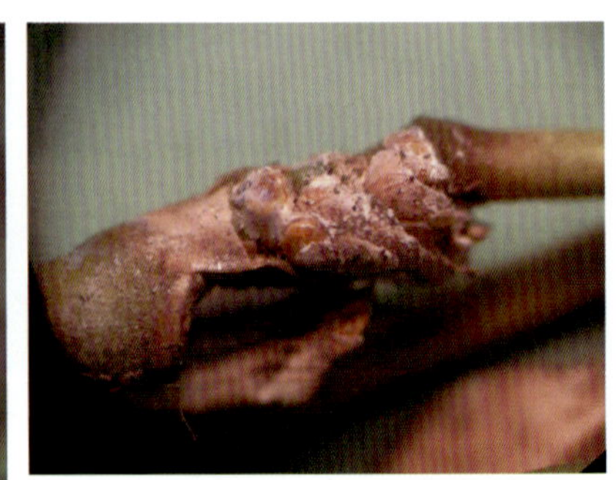
竹鞘丝绵盾蚧，第 232 页

格氏绵盾蚧，第 241 页

芒草毕盾蚧，第 251 页

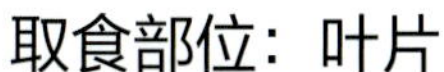

取食部位：叶片

竹叶星粉蚧，第 76 页

毛竹客粉蚧，第 78 页

竹条粉蚧，第 110 页

马蹄囊毡蚧，第 120 页

丝球毡蚧，第 122 页

欧洲根毡蚧，第 123 页

透体竹链蚧，第 139 页

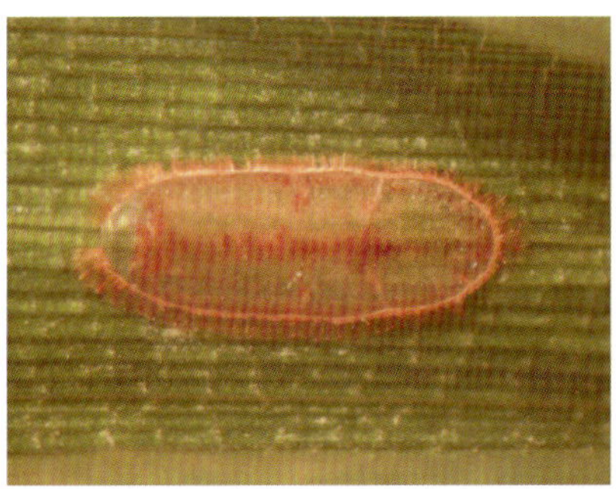
广东竹链蚧，第 140 页

羊茅绒茧蚧，第 177 页

双毛鲁丝蚧，第 185 页

长丝盾蚧，第 233 页

黄蚓线盾蚧，第 234 页

短刺白泥盾蚧，第 240 页

毛竹釉盾蚧，第 253 页

纺锤釉盾蚧，第 254 页

取食部位：根颈部

远东安粉蚧，第 62 页

耕葵粉蚧，第 109 页

取食部位：茎秆和枝

惠州瘿粉蚧，第 78 页

毛竹根毡蚧，第 124 页

广布竹链蚧，第 138 页

取食部位：茎秆和枝

锡兰竹链蚧，第 139 页

半球竹链蚧，第 140 页

留片线盾蚧，第 234 页

取食部位：根部

花生新珠蚧，第 36 页

甘草胭珠蚧，第 37 页

黄蓍胭珠蚧，第 38 页

古北丝珠蚧，第 39 页

远东盘粉蚧，第 67 页

南亚蚁粉蚧，第 74 页

东方壤粉蚧，第 76 页

太平洋匹粉蚧，第 107 页

柑橘地粉蚧，第 111 页

伴毛地粉蚧，第 111 页

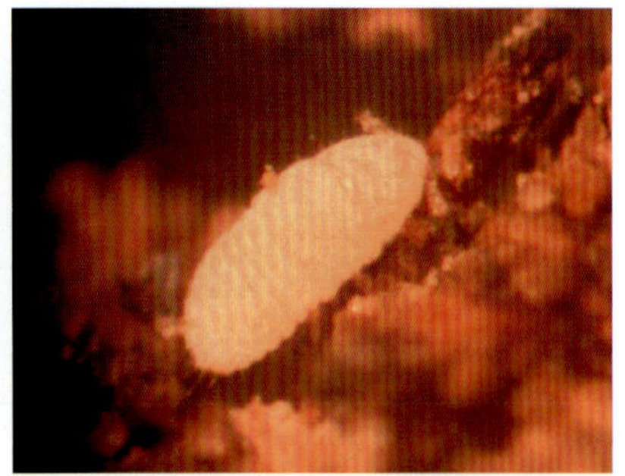
木槿土粉蚧，第 112 页

柑橘土粉蚧，第 112 页

东方根毡蚧，第 123 页

中华翠胶蚧，第 129 页

取食部位：主干

忍冬长珠蚧，第 23 页

桂花长珠蚧，第 24 页

槐树长珠蚧，第 25 页

枣树长珠蚧，第 26 页

双孔皮珠蚧，第 28 页

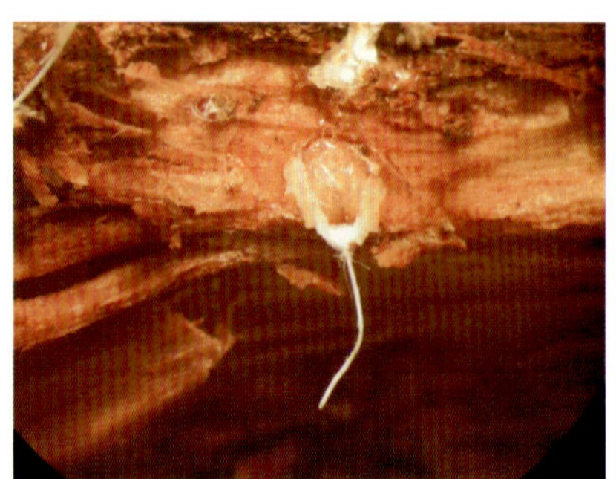
鬣蒴木珠蚧，第 34 页

青冈头蚧，第 212 页

大红履绵蚧，第 47 页

西欧盘粉蚧，第 66 页

太平洋匹粉蚧，第 107 页

石榴囊毡蚧，第 117 页

柳树干毡蚧，第 119 页

樱桃隙隐蚧，第 125 页

榆大盘隐蚧，第 125 页

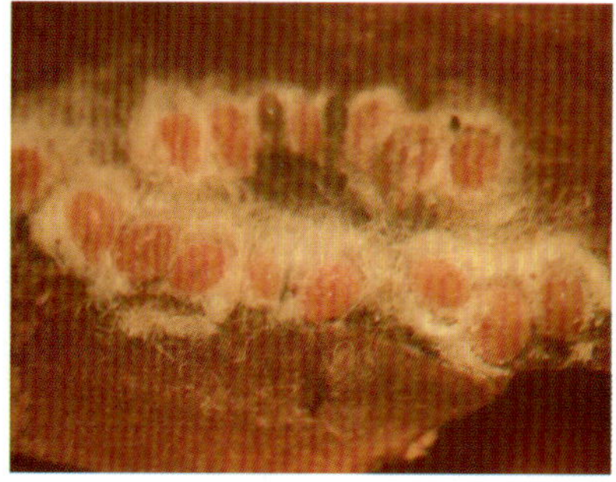
红桦黄隐蚧，第 126 页

日本巢红蚧，第 134 页

扁球链壶蚧，第 145 页

日本链壶蚧，第 146 页

云南链壶蚧，第 147 页

弥渡雕球链蚧，第 149 页

宾川雕球链蚧，第 150 页

葡萄棉蚧，第 202 页

三列鬃软蚧，第 208 页

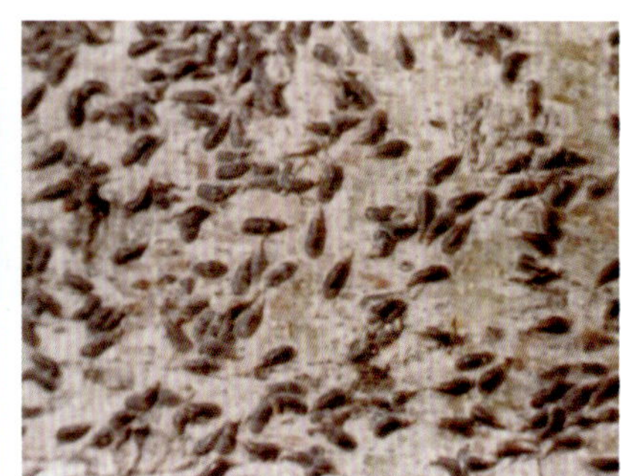
柳蛎盾蚧，238 页

杨蛎盾蚧，第 239 页

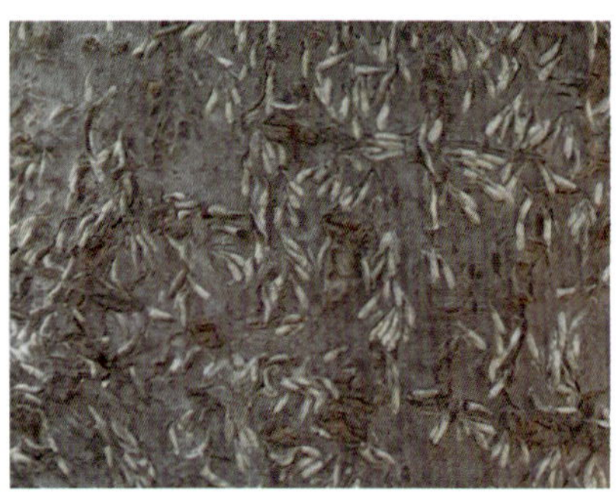
日本长白盾蚧，第 240 页

取食部位：枝条上

草履蚧，第 46 页

埃及吹绵蚧，第 48 页

吹绵蚧，第 49 页

柑橘唇绵蚧，第 51 页

锥栗冠绵蚧，第 44 页

泰国泡粉蚧，第 53 页

日本盘粉蚧，第 67 页

松树皑粉蚧，第 69 页

枣树皑粉蚧，第 69 页

水麻灰粉蚧，第 71 页

木槿曼粉蚧，第 81 页

柑橘堆粉蚧，第 84 页

木瓜秀粉蚧，第 86 页

山西品粉蚧，第 88 页

槭树绵粉蚧，第 89 页

马缨丹绵粉蚧，第 90 页

美地绵粉蚧，第 91 页

扶桑绵粉蚧，第 92 页

南洋臀纹粉蚧，第 94 页

大洋臀纹粉蚧，第 94 页

康氏粉蚧，第 97 页

拟葡萄粉蚧，第 100 页

热带垒粉蚧，第 103 页

榆华粉蚧，第 107 页

中亚柽粉蚧，第 109 页

榉树枝毡蚧，第 114 页

沿海榆毡蚧，第 116 页

槭毡蚧，第 115 页

小檗毡蚧，第 115 页

石榴囊毡蚧，第 117 页

柽柳瘿毡蚧，第 118 页

榆树囊毡蚧，第 120 页

榆树裸毡蚧，第 121 页

暹罗毛毡蚧，第 121 页

云南紫胶蚧，第 129 页

中华白胶蚧，第 128 页

拟叶奇角胶蚧，第 130 页

茶硬胶蚧，第 131 页

华栗红蚧，第 131 页

壳点红蚧，第 132 页

双黑红蚧，第 132 页

黑斑红蚧，第 133 页

马氏刺葵蚧，第 135 页

欧洲栎链蚧，第 137 页

日本栎链蚧，第 138 页

远东隐链蚧，第 141 页

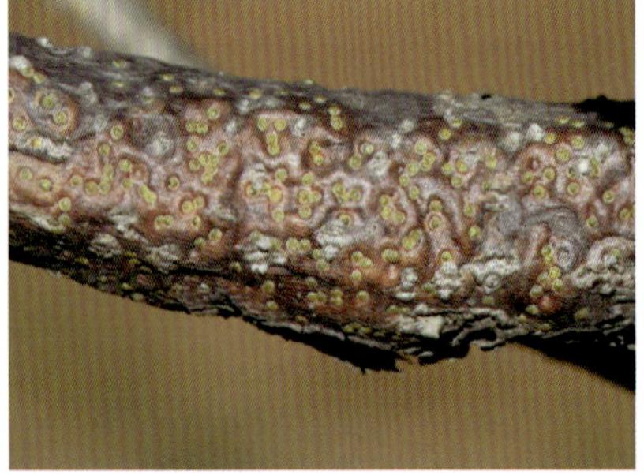
栗新链蚧，第 142 页

普食珞链蚧，第 142 页

柑橘蜡壶蚧，第 143 页

刺蜡壶蚧，第 144 页

印度蜡壶蚧，第 144 页

日本链壶蚧，第 146 页

木荷链壶蚧，第 147 页

榕树圆壶蚧，第 148 页

弥渡雕球链蚧，第 149 页

雕球链蚧，第 150 页

景东黍球链蚧，第 151 页

思茅屑球链蚧，第 152 页

云南屑球链蚧，第 153 页

东方刺棉蚧，第 154 页

角蜡蚧，第 155 页

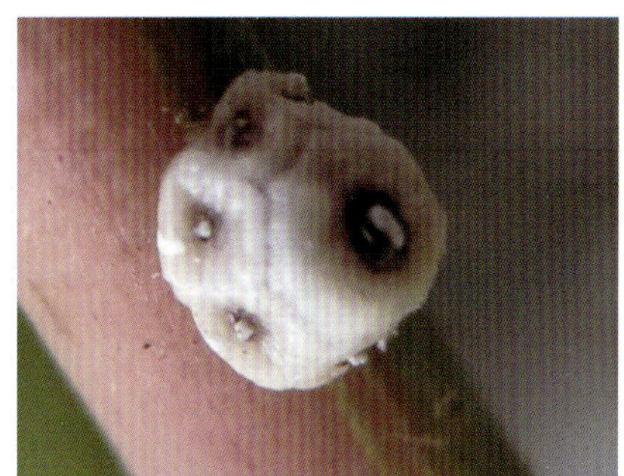
藤壶蜡蚧，第 157 页

日本龟蜡蚧，第 159 页

昆明龟蜡蚧，第 160 页

杧果蜡蚧，第 160 页

默氏蜡蚧，第 161 页

伪角蜡蚧，第 162 页

红蜡蚧，第 164 页

无花果蜡蚧，第 165 页

南亚蚁软蚧，第 167 页

长椭圆软蚧，第 168 页

云南双蜡蚧，第 170 页

榕树双蜡蚧，第 170 页

朝鲜毛球蚧，第 171 页

木豆玻壳蚧，第 174 页

锡兰玻壳蚧，第 175 页

越南类白蜡蚧，第 176 页

白蜡蚧，第 176 页

樱桃球坚蚧，第 179 页

白桦球坚蚧，第 179 页

瘤大球坚蚧，第 180 页

榆皱球坚蚧，第 181 页

皱大球坚蚧，第 182 页

中华马络蚧，第 185 页

北海大棉蚧，第 187 页

亚洲大棉蚧，第 187 页

日本卷毛蚧，第 188 页

华东脆蜡蚧，第 190 页

乌黑副盔蚧，第 191 页

水木坚蚧，第 192 页

桃坚蚧，第 193 页

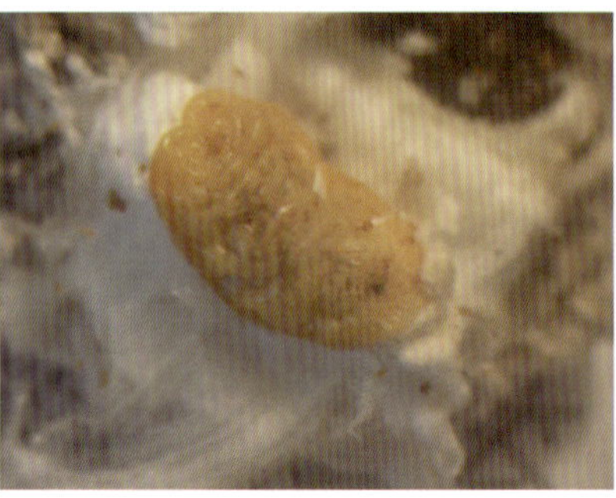
锡金伪棉蚧，第 198 页

柑橘红棉蚧，第 199 页

柿树真棉蚧，第 201 页

苹果褐球蚧，第 203 页

吐伦球坚蚧，第 204 页

咖啡黑盔蚧，第 204 页

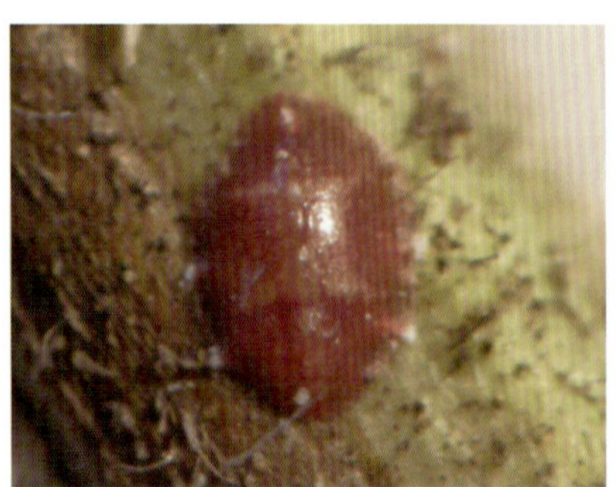
橄榄黑盔蚧，第 205 页

杏树鬃球蚧，第 206 页

日本纽棉蚧，第 207 页

青冈头蚧，第 212 页

蔷薇白轮盾蚧，第 220 页

月季白轮盾蚧，第 220 页

蜀雪盾蚧，第 223 页

柳雪盾蚧，第 225 页

梨圆盾蚧，第 228 页

杨双圆盾蚧，第 229 页

斯拉夫双圆盾蚧，第 229 页

榆蛎盾蚧，第 238 页

麻黄片盾蚧，第 242 页

橄榄片盾蚧，第 243 页

糠片盾蚧，第 244 页

柽柳原盾蚧，第 247 页

柞白盾蚧，第 250 页

桑白盾蚧，第 251 页

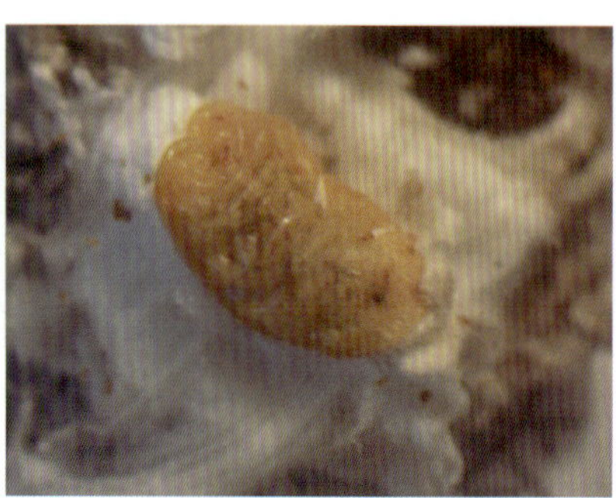
锡金伪棉蚧，第 198 页

柑橘红棉蚧，第 199 页

柿树真棉蚧，第 201 页

取食部位：叶片

寡毛旌蚧，第 40 页

荨麻旌蚧，第 41 页

艾旌蚧，第 42 页

捷氏隐绵蚧，第 44 页

蝎子隐绵蚧，第 45 页

吹绵蚧，第 49 页

黄吹绵蚧，第 50 页

古北雪粉蚧，第 64 页

南方疣粉蚧，第 66 页

菠萝灰粉蚧，第 70 页

水麻灰粉蚧，第 71 页

新菠萝灰粉蚧，第 71 页

双条拂粉蚧 ，第 73 页

猖獗星粉蚧，第 75 页

群管星粉蚧，第 76 页

南美枝粉蚧，第 77 页

南亚锡粉蚧，第 80 页

柑橘堆粉蚧，第 84 页

木瓜秀粉蚧，第 86 页

槭树绵粉蚧，第 89 页

石蒜绵粉蚧，第 92 页

小蓬绿粉蚧，第 104 页

柑橘臀纹粉蚧，第 93 页

柑橘棘粉蚧，第 98 页

长尾粉蚧，第 99 页

中华垒粉蚧，第 100 页

西非垒粉蚧，第 102 页

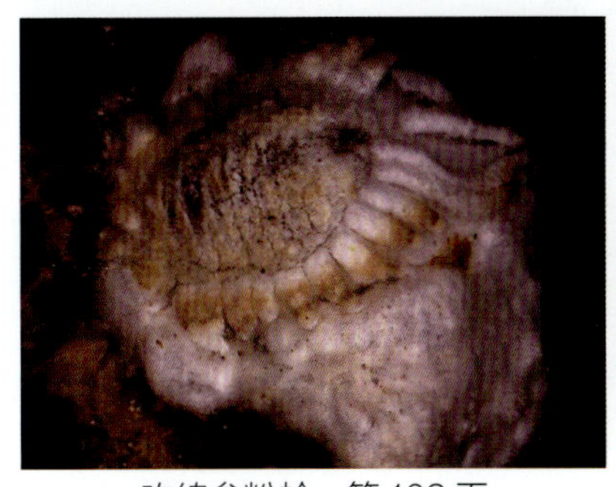
吹绵垒粉蚧，第 102 页

柿树白毡蚧，第 113 页

苔胭蚧，第 127 页

加州胭蚧，第 127 页

露莞藤蚧，第 136 页

普食珞链蚧，第 142 页

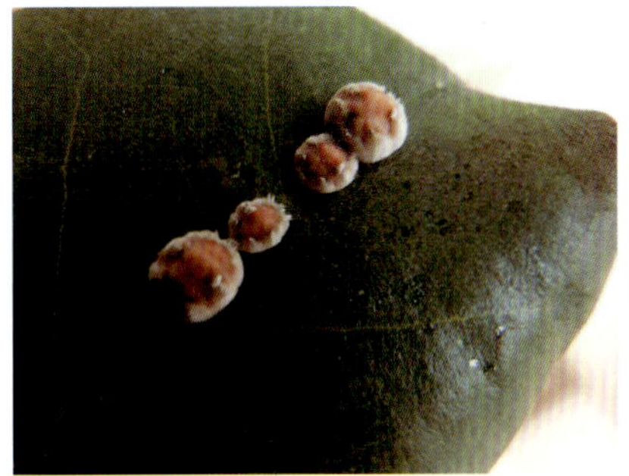
红帽龟蜡蚧，第 155 页

佛州龟蜡蚧，第 157 页

日本龟蜡蚧，第 159 页

昆明龟蜡蚧，第 160 页

饼蜡蚧，第 162 页

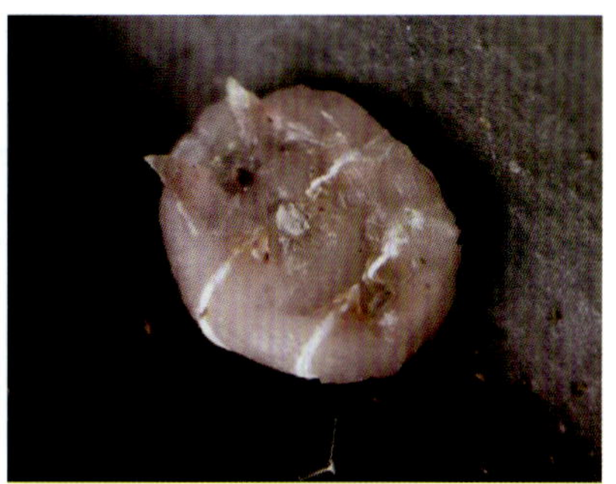
留尼汪龟蜡蚧，第 163 页

无花果蜡蚧，第 165 页

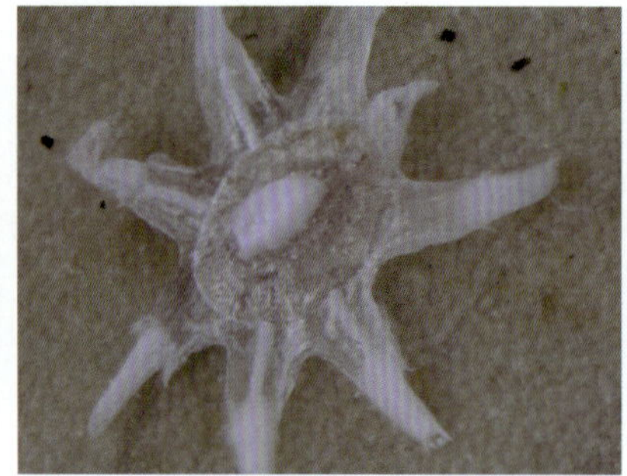
七角星蜡蚧，第 166 页

褐软蚧，第 168 页

刷毛缘软蚧，第 169 页

泰隆筛棉蚧，第 169 页

榕扇蚧，第 172 页

乳突扇蚧，第 173 页

木豆玻壳蚧，第 174 页

龟背网纹蚧，第 178 页

泛布大脚蚧，第 183 页

南非大脚蚧，第 183 页

无患小棉蚧，第 184 页

蔓荆马络蚧，第 186 页

日本卷毛蚧，第 188 页

杧果黏棉蚧，第 189 页

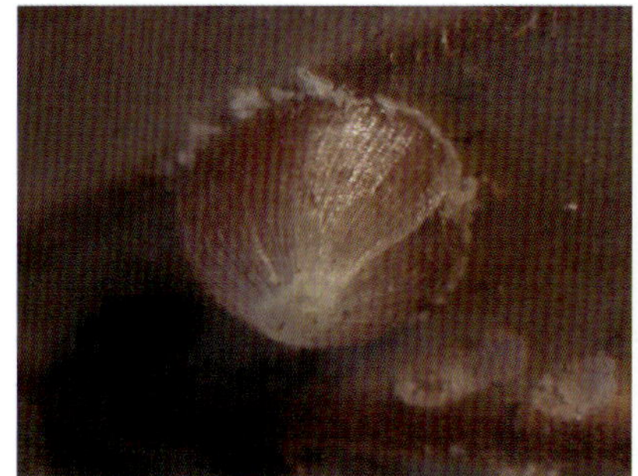
四川僧蜡蚧，第 190 页

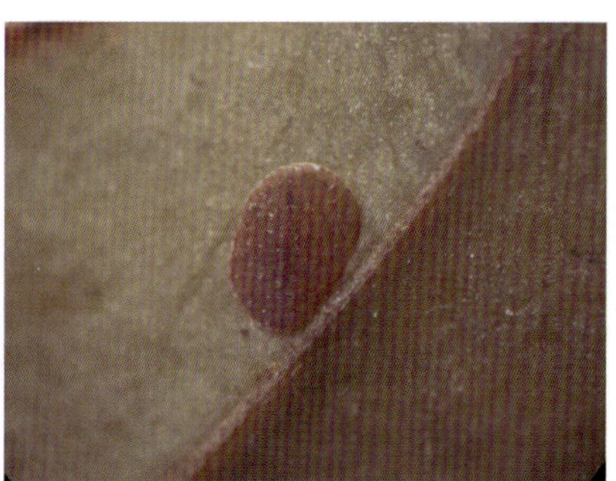
海南鳞片蚧，第 190 页

东南亚扁片蚧，第 195 页

锐原软蚧，第 196 页

梨形原棉蚧，第 197 页

柑橘绿棉蚧 ，第 199 页

多角绿棉蚧，第 200 页

垫囊绿棉蚧，第 201 页

美洲黑盔蚧，第 205 页

橄榄黑盔蚧，第 205 页

黄肾圆盾蚧，第 215 页

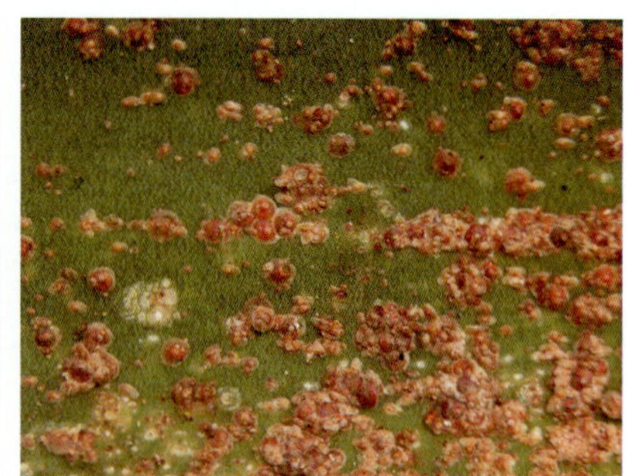
苏铁肾圆盾蚧，第 216 页

东方肾圆盾蚧，第 216 页

透明圆盾蚧，第 217 页

常春藤圆盾蚧，第 218 页

米兰白轮盾蚧，第 219 页

钓樟白轮盾蚧，第 220 页

杧果白轮盾蚧，第 222 页

雅樟白轮盾蚧，第 222 页

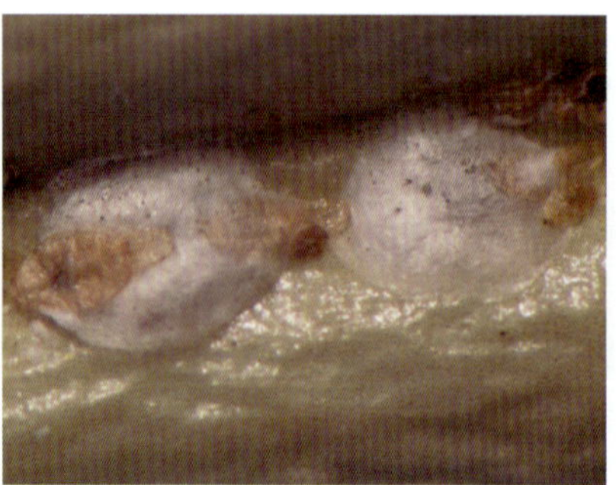
苏铁白轮盾蚧，第 223 页

倒槌雪盾蚧，第 224 页

紫藤雪盾蚧，第 225 页

黑褐圆盾蚧，第 226 页

酱褐圆盾蚧，第 227 页

橙褐圆盾蚧，第 227 页

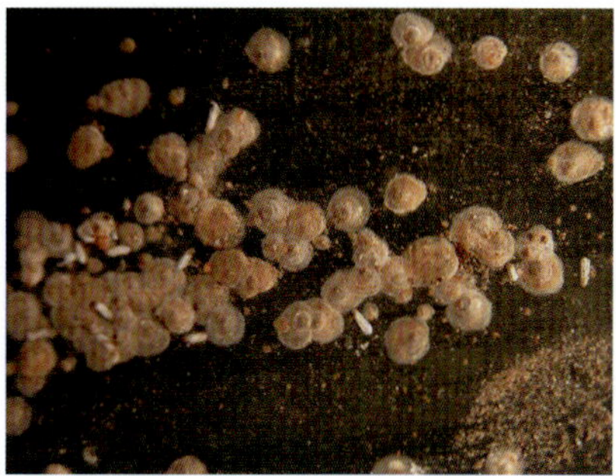
凤梨白盾蚧，第 230 页

仙人掌白盾蚧，第 230 页

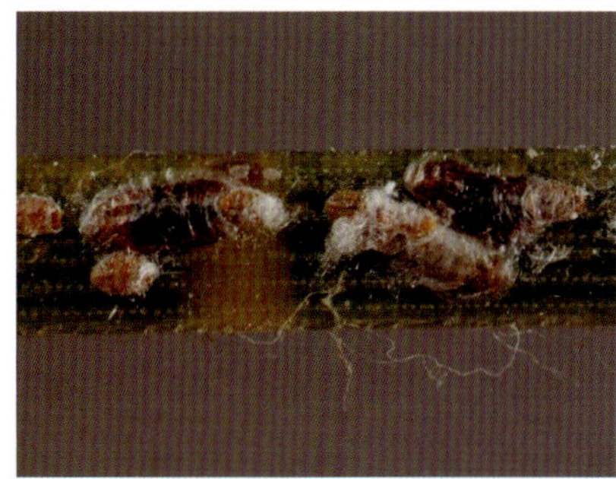
日本单蜕盾蚧，第 231 页

象鼻单蜕盾蚧，第 232 页

紫疤蛎盾蚧 ，第 235 页

苏铁疤蛎盾蚧，第 236 页

兰蛎盾蚧，第 237 页

吊钟林圆盾蚧，第 239 页

黄杨粕片盾蚧，第 242 页

山茶片盾蚧，第 243 页

黄片盾蚧，第 245 页

茶片盾蚧，第 245 页

黑点片盾蚧，第 246 页

百合并盾蚧，第 246 页

黄杨并盾蚧，第 247 页

三叶网纹圆盾蚧，第 248 页

考氏白盾蚧，第 249 页

中华翼盾蚧，第 252 页

香港缨蜕盾蚧，第 253 页

卫矛尖盾蚧，第 255 页

矢尖盾蚧，第 255 页

取食部位：果实

木瓜秀粉蚧，第 86 页

扶桑绵粉蚧，第 93 页

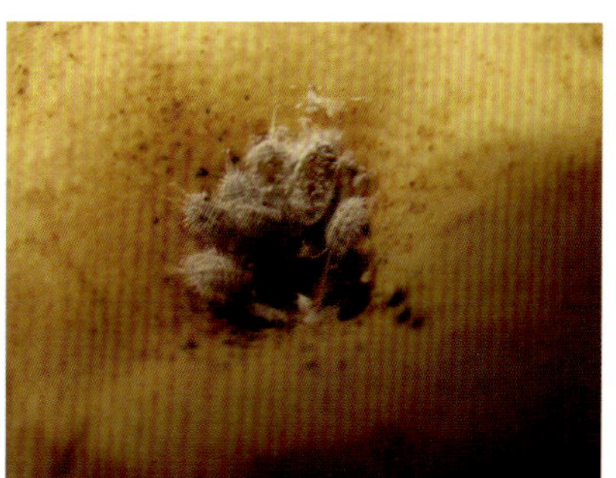
康氏粉蚧，第 97 页

柿树白毡蚧，第 113 页

梨圆盾蚧，第 228 页

橄榄片盾蚧，第 243 页

糠片盾蚧 ，第 244 页

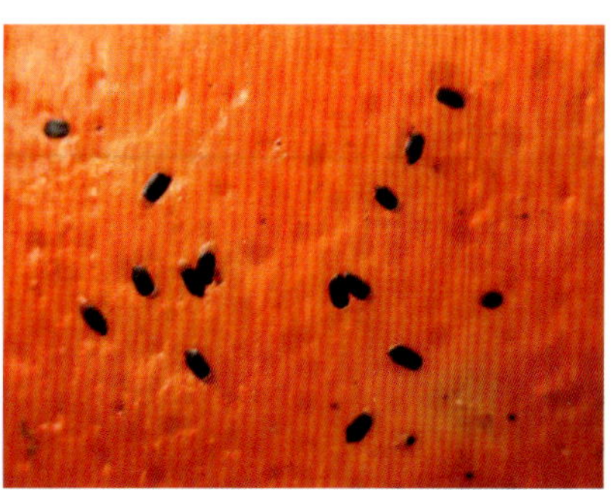
黑点片盾蚧，第 246 页

植物类型：其他

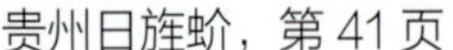
贵州日旌蚧，第 41 页

玛宾蚧，第 52 页

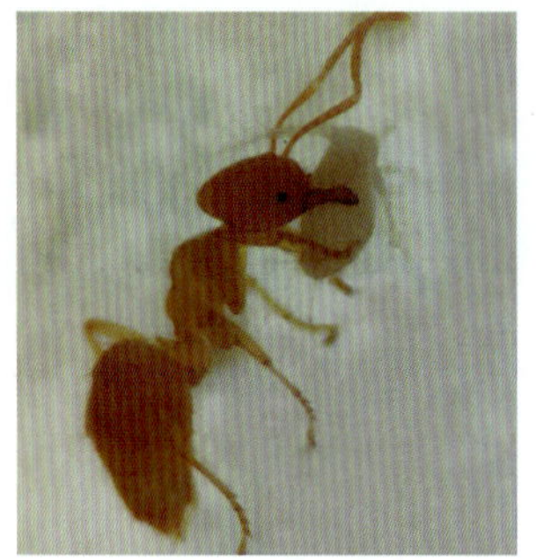
宾蚧，第 52 页